AF861602

Qui va prendre
le pouvoir,
les grands singes,
les hommes politiques
ou les robots ?

303.
4
PIC

Château
22,90

Pascal Picq

Evolution sociale
Technique et civilisation
Homme – Animalité (philosophie)

Qui va prendre le pouvoir, les grands singes, les hommes politiques ou les robots ?

Réseau des médiathèques
de Grand Paris Sud
Documents retirés
des collections
Grand Paris Sud
communauté d'agglomération

Odile Jacob

NADEL 2017

© Odile Jacob, mai 2017
15, rue Soufflot, 75005 Paris

www.odilejacob.fr

ISBN : 978-2-7381-3872-9

Le Code de la propriété intellectuelle n'autorisant, aux termes de l'article L. 122-5, 2° et 3°a, d'une part, que les « copies ou reproductions strictement réservées à l'usage privé du copiste et non destinées à une utilisation collective » et, d'autre part, que les analyses et les courtes citations dans un but d'exemple et d'illustration, « toute représentation ou reproduction intégrale ou partielle faite sans le consentement de l'auteur ou de ses ayants droit ou ayants cause est illicite » (art. L. 122-4). Cette représentation ou reproduction, par quelque procédé que ce soit, constituerait donc une contrefaçon sanctionnée par les articles L. 335-2 et suivants du Code de la propriété intellectuelle.

Introduction

Les grands singes auront disparu d'ici 2050. Après tout, cela peut être une bonne nouvelle pour les angoissés d'un avenir dominé par des grands singes porteurs de virus et de guerre comme dans la dernière saga de *La Planète des singes*. Par ailleurs, les études de prospective annoncent que les deux tiers de la population mondiale seront alors urbanisés. On ne voit donc pas en quoi la survie des singes et des grands singes pourrait obscurcir l'avenir radieux de l'humanité.

Si les grands singes se trouvent menacés par les hommes, et non pas l'inverse, en quoi intéressent-ils notre avenir immédiat ? Tout simplement parce que d'autres formes d'intelligence menacent, elles aussi, nos sociétés postindustrielles avec notamment l'arrivée massive des robots collaboratifs et l'intelligence artificielle forte. Les fondements modernes de nos sociétés qui, depuis la première révolution industrielle, se fondent sur les machines, les moyens de production, de distribution et de redistribution de plus en plus mécanisés et automatisés, la démocratie universelle, le travail et le salariat, l'éducation et la liberté d'information, s'en trouvent d'ores et déjà profondément impactés. Une autre annonce avait d'ailleurs précédé

communauté d'agglomération • Grand Paris Sud

celle de l'extinction des grands singes : la disparition de plus de la moitié des métiers, la transformation des métiers restants et l'apparition de nouveaux métiers. Avec cette interrogation : est-ce que les nouveaux métiers allaient compenser la perte des autres comme au cours des révolutions industrielles précédentes ? Non, ce ne sera pas le cas cette fois et ce n'est pas un hasard si la question du revenu universel sous toutes ses formes s'impose dans les débats de société dans tous les pays postindustriels engagés dans ce que j'appelle l'« espace digital darwinien ». Une nouvelle phase de l'évolution humaine vient de commencer.

Savez-vous pourquoi les grands singes prennent le pouvoir sur la planète Soror inventée par Pierre Boulle dans sa nouvelle aussi géniale que dystopique de 1963 ? La vraie raison qu'aucun scénariste et réalisateur de film n'a voulu mettre en scène est celle-ci : les humains avaient tout simplement cessé de se comporter comme des humains. Les machines produisaient ce dont ils avaient besoin et les grands singes domestiqués assuraient tous les services. Ainsi tout allait pour le mieux dans le meilleur des mondes possibles selon le credo des utopistes de tous poils. Mais, comme le raconte une femme attrapée par les chimpanzés, les humains cessèrent d'être actifs, intellectuellement et physiquement. Devenus incapables de réagir, ils finirent par glisser d'un état d'esclavage volontaire à celui d'asservissement sous la férule des grands singes.

Mais pourquoi nous raconter cette fiction alors que les singes et les grands singes vont disparaître d'ici peu ? Parce que le spectre de la décadence de l'humanité risque de se concrétiser avec l'arrivée massive des robots, de l'intelligence artificielle et… de l'allocation universelle. Si la deuxième révolution industrielle a été celle du remplacement de la main-d'œuvre par des machines déjà appelées robots, la troisième révolution industrielle, celle qui est en cours, sera celle du cerveau d'œuvre, avec des algorithmes traitant de tâches intellectuelles (recherche, classement et traitement des données massives, modélisation, collaboration, élaboration de propositions, etc.). Alors comment passe-t-on d'une société fondée sur la seule rémunération du travail productif et sur des cotisations sociales reposant sur le salariat à une société dans laquelle les fonctions de production ainsi que les métiers du secteur tertiaire et des services seront de plus en plus accaparés par des machines et des algorithmes ?

Balayons le spectre politique français pour voir les réponses qui nous sont proposées. La gauche de la gauche veut créer des emplois administratifs. On ne parle pas de travail, mais bien d'emploi, situation qui n'est pas forcément liée à la production de richesses (surtout pas, quel vilain mot !) et pas nécessairement à celle de services. La gauche du gouvernement, du moins celle qui est sortie victorieuse des primaires, évoque, elle, la question de l'allocation universelle. Et on aurait tort de croire que ce n'est qu'une idée de gauche. En effet, la pensée libérale, que l'on place à droite et qui est plus à gauche qu'on le croit, admet, elle aussi, une forme de revenu universel basé sur l'impôt négatif. L'idée est de donner aux personnes les moyens de se former et d'accéder aux activités ou aux métiers qu'elles désirent – tout au long de la vie, le fait nouveau est là. S'il y a rémunération, on reverse une partie à la collectivité. La droite très à droite croit, elle, avoir la solution en supprimant des postes de fonctionnaires. Quant à l'extrême droite, elle ne jure que par le trop grand nombre d'immigrés. On désigne donc les fonctionnaires et les immigrés comme remède ou cause de tous nos maux, c'est selon, mais sans parler des véritables changements en cours à propos du travail, de la production de richesse, de la productivité et de la redistribution dans le monde digital darwinien qui est déjà le nôtre. Autrement dit, en pleine révolution numérique, nos hommes politiques proposent des solutions qui datent de la première révolution industrielle ! En fait, il n'y a jamais eu autant de travail qu'aujourd'hui, mais il s'agit d'un travail de plus en plus personnalisé et, donc, non partageable selon la logique des 35 heures, avec une dissociation croissante entre rémunération, emploi et travail. Vivre sur la planète des robots et de l'intelligence artificielle n'est d'ailleurs pas en soi une catastrophe ; ce peut même être une bonne nouvelle s'il y a redistribution des richesses produites pour financer le revenu pour tous, mais de là à imaginer des allocations universelles d'assistance ou pour stimuler l'épanouissement individuel et social… Gare au syndrome de la planète des singes !

Le pire n'étant jamais certain, même si nous y travaillons ardemment, comment créer une vraie société postmoderne, plus certainement avec des robots de plus en plus intelligents qu'en compagnie des grands singes voués à l'extinction ? On connaît l'angoisse véhiculée dans beaucoup de fictions littéraires et cinématographiques, depuis la pièce *R.U.R* (*Rossum's Universal Robot*) créée par Karel Capek en 1920 – première apparition du terme « robots » – jusqu'à *Terminator*. Or, aujourd'hui, l'intelligence artificielle ne relève plus de la science-fiction. Un consortium technologique a même été créé en 2016 pour faire progresser sa meilleure utilisation dans nos sociétés. Intitulé Partnership on Artificial Intelligence to Benefit People and Society, il regroupe désormais Google, Amazon, Facebook, Apple, IBM et Microsoft (GAFAIM), c'est-à-dire les nouveaux maîtres du monde.

Si, comme dans la nouvelle de Pierre Boulle, les grands singes nous regardent, voient-ils leur chance de survie dans l'arrivée des robots ? Que se passera-t-il quand l'intelligence des animaux s'alliera à celle des machines ? À ma connaissance, aucun auteur n'a envisagé de fiction avec cette alliance des grands singes et des robots pour dominer, voire éliminer l'humanité.

Pas de panique, pour l'heure, c'est encore nous qui éliminons les grands singes et qui créons les robots. Le vrai danger viendra de nous-même si nous sombrons dans la décadence d'une vie trop assistée. Ce qui nous amène au sujet central de cet essai : comment apprendre à vivre avec ces nouvelles intelligences artificielles pour assurer un futur meilleur à l'humanité ? Ma réponse d'éthologue et de paléoanthropologue est qu'il nous faut d'abord comprendre les intelligences naturelles qui accompagnent notre évolution, à savoir celles des singes et des grands singes. Si nous continuons à mépriser les intelligences les plus proches de nous dans la nature actuelle, comment imaginer une collaboration avec les nouvelles intelligences artificielles et les objets connectés ? Notre avenir avec les machines intelligentes ne pourra se construire qu'à cette condition. Sinon, nous serons les esclaves des robots.

Est-il nécessaire de rappeler que nous faisons toujours partie des primates ? Faut-il rappeler ce que, dans une conférence donnée à l'Académie française en 2005, Claude Lévi-Strauss disait des hommes, à savoir qu'ils se sont mis sur un pied d'égalité avec les espèces qu'ils s'emploient à éliminer et préparent leur propre déclin (P. Picq, *De Darwin à Lévi-Strauss*, Odile Jacob, 2013) ? Une autre facette du syndrome de la planète des singes…

En quoi ces singes et ces grands singes appelés à disparaître peuvent-ils nous instruire sur notre monde de plus en plus urbanisé ? Parce que, par-delà le plaisir de la connaissance, ils manifestent des comportements sociaux et cognitifs trop longtemps ignorés et très instructifs. En effet, les singes ont inventé des réponses adaptatives parfois étonnantes et d'une grande pertinence pour les grandes questions qui sont au cœur des mutations actuelles comme la gouvernance, les relations entre les sexes, la sociabilité, l'innovation technique, la solidarité, la guerre, la réconciliation, l'éducation, l'écologie... Notre première partie va donc nous entraîner à la découverte de différentes espèces, présentées à la lumière des connaissances actuelles, non sans nous amener à interpeller nos systèmes politiques et, aussi, quelques-unes de nos personnalités politiques. On découvrira à cette occasion que certains traits comportementaux et leurs associations présentent des relations à la fois ancestrales et adaptatives, ce qu'éclaire l'analyse évolutionniste.

Cependant si les singes, par leur diversité, touchent à des sujets sensibles pour nos sociétés, tous ne font pas de politique. En fait, seuls les chimpanzés et les hommes sont des grands singes politiques. Notre deuxième partie va donc explorer les fondements naturels de la politique. Par naturel, nous entendons les origines très lointaines de la politique que nous partageons avec nos frères d'évolution, les chimpanzés, l'autre animal politique au sens d'Aristote. Là, nul anthropomorphisme, mais une analyse évolutionniste de sociétés vraiment particulières, centrées sur le pouvoir des mâles, les intrigues, les coalitions, les renversements et même la guerre. Et si, comme dans *La Planète de singes*, on inversait la position des observateurs et des observés ? Comment un anthropologue chimpanzé analyserait-il alors les comportements de nos femmes et hommes politiques actuels ? Si la politique s'inscrit dans les fondements de nos origines communes avec les chimpanzés, c'est qu'il s'agit avant tout d'un fait culturel et social. Avec cette interrogation, toujours en attente de réponse : quand et comment les mâles ont-ils donc accompli ce coup d'État évolutionnaire ?

Ce détour par nos origines sociales et politiques est aujourd'hui plus utile que jamais tant notre monde change rapidement. Nos systèmes politiques actuels, quels que soient leurs qualités et leurs défauts de gouvernance, doivent s'adapter à un monde en pleine mutation sociale et numérique. Les résultats des grandes élections récentes dans le monde, comme le Brexit en Angleterre et l'élection de Donald Trump aux États-Unis, mais aussi l'affirmation des « démocratures » en Turquie, en Chine, en Russie et ailleurs, sont des signaux forts d'un bouleversement à l'échelle d'une planète connectée, menacée par le syndrome de la planète des singes, ou de celle des robots, les deux pouvant se rejoindre en effet. Comme nous le verrons plus en détail dans notre troisième et dernière partie, la vague du numérique, la robotisation, l'intelligence artificielle, les objets connectés, bref ce que l'on appelle de façon imprécise, mais ressentie, l'« uberisation de la société » bouscule dans ses fondements nos sociétés dont les valeurs reposent sur le travail, le salariat, la production de biens, de richesses et de services et les différentes formes de redistributions décidées par nos choix politiques. Nous sommes face à une situation inédite depuis l'époque des Lumières puisque tout change, mais sans vision de progrès, sans grande construction idéologique capable de s'opposer au retour des fondamentalismes de toutes obédiences. Où sont passées nos utopies ?

Nos sociétés qualifiées de postmodernes attendent de nouvelles réponses politiques qui, pour l'heure, tardent à se préciser.

Mais est-ce si nouveau dans l'histoire de l'humanité, voire dans celle des espèces les plus proches de nous ? L'éthologie humaine, et encore plus celle des grands singes, a très longtemps été rejetée aux portes de la cité et bannie des sciences sociales et politiques. Elle constitue pourtant une discipline fondamentale pour comprendre et agir dans le monde qui vient. Il est grand temps de prendre en compte les réponses adoptées par les sociétés de singes face aux questions de communication, de gouvernance, de domination entre les genres, d'exploitation et de redistribution des ressources, sur les relations de parenté et l'éducation et comme agents économiques rationnels. Ni anthropomorphisme ni anthropodéni : simplement de l'anthropologie évolutionniste. Les grands singes actuels n'ont jamais été nos ancêtres, mais nous avons des origines communes. Nous avons aussi un avenir commun. Et il est urgent de comprendre à quel point nous avons partie liée si nous voulons édifier des réponses politiques pour nos sociétés mondialisées, connectées et robotisées de demain.

PREMIÈRE PARTIE

Les singes et les affaires humaines

Du mauvais usage des singes... Depuis quelque temps, les grands singes s'invitent dans le cirque politique et social des hommes. Chez les bobos – grands singes des cités –, c'est la passion naïve pour les bonobos, qui remplacent les bons sauvages de Rousseau, avec des sociétés dominées par les femelles et des conflits régulés par le sexe, quel que soit le genre. Une pratique il est vrai plus « sexuellement correcte », en tout cas bien plus évoluée que celle dont abusent trop d'hommes politiques, ce scandale récurrent que même les femmes hésitent encore trop à dénoncer. Dans un autre registre, il y a les insultes, comme ce député qui porta plainte parce qu'un congénère l'avait traité de « primate ». Je rassure tout le monde, notre espèce fait partie des primates avec deux cents autres espèces, dont les singes, et primate signifie « premier », et pas « primaire ». Le primat des Gaules, l'évêque de Lyon, ne se situe-t-il pas au haut de la hiérarchie catholique ? Quelle misère scientifique et culturelle chez trop de nos politiques ! Mais il y a aussi ces montages vidéo et ces articles abjects qui décrivent une ascendance simiesque à Barack Obama ou, plus près de nous, à Christiane Taubira. Quand on connaît les aptitudes politiques des chimpanzés, il n'y a aucune raison d'avoir honte. Sauf qu'ici c'est juste une manifestation d'ignorance et de mépris. Et les singes et les grands singes sont fatigués de ces bêtises humaines (F. De Waal, *Sommes-nous trop « bêtes » pour comprendre l'intelligence des animaux ?*, LLL, 2017).

Remontons dans le temps. Se souvient-on du célèbre « procès du singe » qui eut lieu à Dayton, Tennessee, en 1925 ? Ce premier avatar judiciaire simiesque, qui eut un retentissement national aux États-Unis, opposait les créationnistes aux enseignants laïques. Une loi de cet État voulait interdire l'enseignement de l'évolution au prétexte que l'évocation de nos origines simiesques justifierait la violence et l'immoralisme. L'enjeu dépassait la seule question d'un conflit entre le dogme religieux et la reconstitution scientifique des origines de l'homme. Le véritable objectif des conservateurs créationnistes était de remettre en cause le principe de laïcité présent dans le deuxième amendement de la Constitution américaine. Je précise que les laïcs sont des personnes qui admettent et défendent le droit de croire (croyants), de ne pas croire (athées) ou qui doutent (agnostiques). N'est-il pas troublant que le candidat issu des primaires de la droite en 2016 évoque la laïcité pour les croyants et les agnostiques, mais qu'il oublie les athées ? Les confusions trop communes entre laïcs, athées ou agnostiques relèvent d'une ignorance qui n'a d'égale que la méconnaissance des singes. Même si les créationnistes ont remporté une victoire à la Pyrrhus à l'issue de ce procès de 1925, les graines étaient semées pour la révolution conservatrice des années 1980 portée par Ronald Reagan avec deux autres procès de singe par la suite, celui de Little Rock dans l'Arkansas en 1982 et celui de Dover, en Pennsylvanie, en 1995. À chaque fois, les créationnistes comme les partisans du dessein intelligent ont été déboutés par des juges croyants, mais avant tout garants de la Constitution américaine et de ses principes laïques (ce que trop de politiciens de droite semblent ignorer au pays dit des Droits de l'homme). Toutefois la progression de ces revendications créationnistes depuis les États du Sud vers les

États du Nord constitue un fait très inquiétant (P. Picq, *Lucy et l'Obscurantisme*, Odile Jacob, 2007). Qu'est-ce que les singes viennent faire dans les cours de justice ?

Les singes, s'ils savaient lire, apprécieraient en revanche très certainement la nouvelle de Franz Kafka *Compte rendu pour une académie* (1917), tout comme sa version reprise dans *La Planète des singes* de Pierre Boulle (1963). Dans le premier cas, les juges humains admettent la part d'humanité du singe tandis que dans le second cas, les singes acceptent la « singité » de l'homme. On retrouve une situation analogue dans le dernier film *La Planète des singes : l'affrontement* de Matt Reeves (2014). Dans ce conflit, des hommes et des grands singes arrivent à faire valoir que ce n'est pas une question d'opposition entre espèces, mais de connaissance et de tolérance entre individus, grands singes ou hommes. Quand on dit « le » singe ou qu'on enferme des personnes dans une catégorie sans aucune distinction, comme la femme, le jeune, le senior, l'Africain, l'Asiatique ou autre, on alimente toutes les formes d'exclusion. L'essentialisme s'oppose au « vivre-ensemble ».

Venons-en à de vrais procès en diffamation. Les viles intentions de celles et ceux qui traitent de singes des femmes et des hommes politiques de couleur ne font aucun doute. Récemment, aux États-Unis, la maire d'une ville de Virginie occidentale a dû démissionner pour avoir approuvé le post sur Facebook d'une directrice d'association. Celle-ci s'y réjouissait (« *so refreshing !* ») de l'arrivée imminente à la Maison Blanche d'une First Lady digne de ce nom, Melania Trump, fatiguée qu'elle était d'y voir circuler un « grand singe à talons » (« *ape in heels* »), une insulte claire à l'encontre de Michelle Obama. En France, le cas récent le plus sévèrement puni par la justice est celui d'une candidate FN aux élections municipales en Guyane qui avait comparé Christiane Taubira à un singe.

Ce racisme ordinaire reste monnaie courante dans les stades de football où trop de supporters, dont le niveau cognitif ne dépasse pas celui des macaques (je risque un procès justifié de la part des macaques), se plaisent à faire des gestuelles simiesques quand un joueur noir possède le ballon, voire lui jettent des peaux de bananes. Les macaques et autres singes vous diraient que leurs gestuelles ne s'apparentent en rien à ces tristes pantomimes. On constatera que ce genre de déviance ne se manifeste pas, ou rarement, dans les autres sports. Une partie du football, en revanche, est sensible à ces dérives, comme l'illustre la menace d'un procès en diffamation entre deux hauts responsables de club, Guy Roux citant Bernard Tapie supposé avoir dit à propos d'un joueur talentueux et noir : « Je veux t'acheter ton singe à pieds carrés. »

Mais, une fois de plus, les singes n'ont rien à voir dans ces faits lamentables et répréhensibles. Ce ne sont pas eux qui sont en cause, mais l'anthropomorphisme courant et vulgaire qui n'appréhende pas les animaux pour ce qu'ils sont, en l'occurrence les singes, mais pour ce qu'ils sont supposés représenter des travers des hommes (et rarement de leurs qualités). Tous les procès se tiennent là : entre l'ignorance de ce que sont les singes et l'image péjorative que l'on a d'eux à cause de querelles minables entre les hommes.

Cessons donc de les dénigrer ; sinon, gare à un vrai procès de singes, totalement justifié sur la base de la plainte suivante : « Nous, les singes, portons plainte, devant la Haute Cour de la vie et du droit des espèces à vivre, contre la multitude de diffamations et de sévices spécistes à notre encontre. Par ailleurs, non contents de nous condamner à une mort certaine d'ici

2050 et sans aucune raison justifiable – que ce soit au nom de Dieu, qui nous a créés le même jour, ou de l'humanisme évolutionniste, qui revendique notre communauté d'origine –, vous persistez à faire un usage insultant de ce que nous sommes – et que vous ignorez – pour dénoncer des travers de la psychologie humaine dont nous ne sommes pas responsables. Si nous partageons des origines communes, de la même façon que vous ne voulez pas descendre du singe, nous vous assurons que nous ne sommes pas plus fiers de remonter de vous. Et nous, les singes, vous posons cette question : comment bâtir votre humanisme sur un principe d'ignorance et d'exclusion ? Si, comme vous le revendiquez, le propre de l'homme repose sur la nécessité ontologique d'un récit sur les origines, que sera votre humanité de demain si vous détruisez les fondements universels des origines communes à toutes les populations humaines, ceux que seule la paléoanthropologie peut reconstituer ? Après les singes tomberont les arbres et, juste après, ce sera la chute des hommes. Et vous êtes les seuls responsables de ce qui sera votre malédiction du singe. »

Quant à moi, si on me disait « espèce de singe », je demanderais « Certes, mais quelle espèce ? », tout en rappelant que l'homme actuel est une espèce de *simiens* ou d'anthropoïde qui se nomme *Homo sapiens*. En somme, une espèce de singes parmi une centaine d'autres sur notre planète, qui a des caractères partagés et des caractères propres – chaque espèce est unique –, et que le singe qui est en nous se révèle beaucoup plus humain qu'on ne l'imagine en regard des avancées des connaissances (P. Picq, *Premiers Hommes*, Flammarion, 2016). Cela étant dit, on n'a jamais entendu un singe en traiter un autre d'« espèce d'homme » sans autre forme de procès.

Quelques espèces de singes ont l'insigne privilège de se retrouver jetées bien malgré elles dans les affaires des hommes, mais pas pour ce qu'elles sont, comme les chimpanzés, les bonobos ou les gorilles. Les autres espèces comme les orangs-outangs, les gibbons ou les babouins restant peu évoquées. Parfois ce sont les macaques, le plus souvent pour railler ou insulter, et l'inévitable ouistiti pour sourire sur les photographies, lequel n'est nullement responsable des millions de clichés ridicules faits sans son accord. Dans ce triste foutoir simiesque, que sont donc vraiment les singes ?

Dans ce qui suit, nous allons découvrir quelques espèces de singes à la lumière des observations et des connaissances les plus récentes – impossible d'évoquer de manière exhaustive plus d'une centaine d'espèces connues : comme en politique, il faut faire des choix. Chaque espèce choisie se présente sous l'angle d'un des thèmes majeurs qui agitent nos sociétés humaines. Les babouins hamadryas (*Papio hamadryas*) abordent la communication et le caractère parfois flamboyant et machiste des séducteurs en politique ; les singes verts ou vervets (*Chlorocebus*) évoquent l'indescriptible confusion de l'écologie politique ; l'orang-outang (*Pongo pygmaeus*) nous entraîne vers les fondements de la pensée sociale et humaniste ; le macaque rhésus (*Macaca mulatta*) dépeint les formes de dominations et la gouvernance ; le babouin des savanes (*Papio papio*) expérimente les relations difficiles à l'argent et aux femelles ; le cercopithèque (*Cercopithecus*) montre la confusion de ces contestataires contre les affaires, mais jamais aux affaires ; le hurleur brun (*Alovatta fusca*) touche à la question des migrations ; le gibbon (*Hylobates lar*) décrit la question de la famille et du népotisme ; les capucins (*Cebus capucinus*) nous ramènent aux fondements naturels de l'économie (ou *Homo œconomicus*) ; l'entelle (*Semnopithecus entellus*) manifeste de la sensibilité pour l'éducation et la solidarité ; les mandrills (*Mandrillus sphinx*), drills (*Mandrillus leucophaeus*) et geladas (*Theropithecus gelada*) exposent la situation complexe des espèces à la fois au centre et à la périphérie (mythe de l'éternel retour au centre de l'échiquier politique) ; quant au gorille (*Gorilla gorilla*), son image déformée dissimule la question de la fidélité et de la droiture en politique. Notre espèce *Homo sapiens,* avec son inclination pour *Homo politicus*, est faite de cet héritage simien, et non pas simiesque.

Tous ces singes, comme les chimpanzés et les bonobos, ces faux chimpanzés nains, qui arriveront dans la deuxième partie, sont fascinants. Il faut les regarder pour ce qu'ils sont et les apprécier avec leurs qualités et leurs défauts. En fait, ils apparaissent beaucoup plus humains que l'image aussi erronée que déformée que nous livre la crétinerie dualiste, source de tous les vilains procès. Répétons-le, l'ignorance est la source de tous nos maux, pour les hommes comme pour les singes.

Voici donc quelques grandes questions de politiques saisies sous le regard de l'éthologie et de quelques singes et grands singes élus, en attendant d'autres élus. Commençons néanmoins par une espèce qui n'est plus concernée par les enjeux actuels, qui a joué un rôle important sans jamais être élue, si ce n'est par les dieux, mais qui traduit une mal-évolution de la politique marquée par une régression du langage.

CHAPITRE 1

Le babouin hamadryas à toison grise ou la question du verbe

L'hamadryas (*Papio hamadryas*) est un grand babouin à l'allure imposante qui vit sur les hauts plateaux d'Éthiopie et de l'autre côté de la mer Rouge, en Arabie saoudite. Notre grand Buffon, qui décrivait les singes avec un immense talent, mais sans les connaître, illustration de la tradition des naturalistes de cabinet, comme il existe des politiciens de cabinets – Buffon était le protégé de Louis XVI –, n'appréciait guère les babouins. Dans sa présentation, il donne les noms d'usage de l'hamadryas : singe ou cynocéphale à perruque ou encore tartarin ; autrement dit, un singe avec une longue face, dépourvue de poils, dominée par une coiffure abondante.

Cynocéphale veut dire « à tête de chien » et l'étymologie confuse de tartarin ne désigne en rien la dénomination populaire d'un grand nez ou tarin – on pense évidemment à Cyrano de Bergerac et à son talent pour l'escrime verbale. Ce terme viendrait du vieil occitan pour nommer les Maures à peau brune. L'hamadryas ne présente pas de tels caractères et il ne vient pas du Maghreb, là où Alphonse Daudet situe les aventures burlesques de *Tartarin de Tarascon*, mais, depuis, la tradition littéraire prévaut sur la zoologie. Le terme a ressurgi dans un débat politique digne des combats entre les grands mâles hamadryas lorsque Jean-Marie Le Pen lâcha à Bernard Tapie : « Vous êtes un hâbleur, vous êtes un matamore, vous êtes un tartarin, vous êtes un bluffeur ! » La présentation qui suit ne s'inspire pas du personnage de Bernard Tapie. Ici, tout vient de l'éthologie.

La civilisation égyptienne sacralise l'hamadryas en en faisant le dieu Thot, protecteur des scripts, des écritures et des érudits. Il existe en fait deux avatars du dieu Thot : soit la divinité se présente avec un corps d'homme et une tête d'ibis, soit elle prend les traits de l'hamadryas. Tel est le singe sacré, toujours assis noblement ; il ne lui manque que la particule. Quelques statues le montrent coiffé d'un disque solaire, insigne suprême de sa haute divinité et de sa grande estime de lui-même. Les hamadryas saluent par des aboiements le lever du soleil dont les rayons naissants réchauffent les flancs de falaises où ils ont passé la nuit. Les Égyptiens y voyaient aussi des messagers du dieu solaire.

La beauté et la prestance de l'hamadryas ont inspiré quelques artistes contemporains comme Pierre-Yves Trémois, de l'Académie des beaux-arts, et ses magnifiques lithographies présentant un face-à-face existentiel, métaphysique, entre un jeune homme et un hamadryas, ou encore un hamadryas réalisant le croquis d'une jeune femme. Pardon d'insister, mais des Égyptiens à aujourd'hui, l'hamadryas se place toujours au plus près des arts et des belles lettres. Pour autant, et comme le suggèrent les œuvres de Trémois, l'hamadryas est-il, comme l'homme, libéré de ses liens ataviques avec ses origines ?

L'hamadryas mâle porte beau. Il se pare d'un costume pileux impressionnant, surtout au niveau des épaules, jouissant d'un bon gabarit et d'une belle dynamique corporelle. Il arbore une magnifique toison grise d'autant plus superbe et fournie qu'il domine un harem de jolies femelles. Faut-il y voir une conséquence générale et bien connue du dimorphisme sexuel (différence de taille et de forme entre les deux sexes) dû à la sélection de mâles plus grands et plus puissants pour dissuader les autres mâles de courtiser et d'enlever une de leurs femelles, ces caractères spectaculaires servant aussi à séduire les femelles qui jaugent le bellâtre et choisissent de se lier à lui ? Rien de tel pourtant chez l'hamadryas aux mœurs de hussard, qui préfère enlever de jeunes femelles à peine adultes et les placer sous sa protection obligée.

Le hasard de l'histoire a fait que l'une des toutes premières études sur le comportement des singes concerne les hamadryas du zoo de Londres au début des années 1930. L'expérience est dirigée par un personnage anglais haut en couleur, sir Solly Zuckerman, digne prédécesseur de Desmond Morris. Pionnier de la primatologie, il s'imposa comme conseiller des Alliés pour les opérations spéciales, notamment aériennes, pendant la Seconde Guerre mondiale. Parmi les rares scientifiques apportant leur expertise au monde politique, il reste incontestablement le premier primatologue très engagé dans la politique et sa connaissance des hamadryas fut précieuse pour combattre les nazis.

Dans cette première étude des hamadryas, on jette pêle-mêle des mâles et des femelles et on observe. C'est le carnage ! Les scientifiques font le constat que les mâles se battent, usant de leurs formidables canines, tandis que les femelles tentent d'éviter le tumulte. Deux leçons à tirer de cette triste expérience.

La première est que si l'on pousse des mâles à se côtoyer dans un espace restreint et clos, ils finissent par s'entre-déchirer car ils se retrouvent dans une situation telle que les comportements habituels d'apaisement et de soumission deviennent inopérants. Mieux vaut alors dissoudre une telle assemblée. Mais la réaction des mâles dépend aussi de la tolérance et de l'intelligence dont ils sont capables entre eux. Les chimpanzés, par exemple, évitent d'entamer des querelles dans un espace clos, sachant combien cela peut devenir très agressif, voire mortel ; par contre, si la situation permet des échappatoires, ils se livrent au jeu des provocations et des agressions bien pensées. Les hamadryas ont aussi de tels codes dans la nature, mais rendus souvent inopérants dans un espace trop confiné. Ces grands singes aux canines puissantes s'en servent donc à la fois pour dissuader et prévenir, mais rarement pour attaquer, cette dernière option étant très risquée. Dans la plupart des conflits, ils se limitent à de grandes démonstrations de force et n'hésitent pas à avoir recours aux coups tordus. Mais s'ils doivent combattre, ils le font.

La deuxième leçon est que les apprentis éthologues de cette époque étaient sensibles à la sociologie de cette même époque, autrement dit au paternalisme et au machisme régnant. Non seulement on retrouve ici le bon vieil héritage multimillénaire de la démocratie grecque dirigée par quelques hommes de la cité, mais on rappellera que les femmes n'avaient pas encore le droit de vote dans beaucoup de pays occidentaux. Les éthologues de l'époque ont voulu voir chez les hamadryas la preuve la plus naturelle de la légitimité de la domination masculine. Depuis, on a découvert combien les femelles se comportent comme de fines politiques chez de nombreuses espèces de singes, y compris les babouins (et les femmes ont obtenu le droit de vote !). On s'est donc bien trompé sur ces singes ; ils ne corroborent en rien l'idée reçue et très entretenue que les jeux de la politique seraient l'apanage des seuls mâles. En revanche, certaines espèces actuelles continuent de se montrer plus archaïques que d'autres si on en juge par la composition de nos Assemblées nationales – lieux confinés – et où les comportements de certains protagonistes mâles envers les femmes n'ont rien à envier à ceux des pires hamadryas.

En effet, l'hamadryas n'est pas toujours un gentleman. Buffon souligne que « sa passion pour les femmes s'exprime d'une manière très virulente et très énergique ». Il ne lâche jamais ses belles du regard et si l'une d'elles s'avise à sortir de son champ visuel, il se fâche et sort les canines, qu'il a redoutables. Il adore les femelles, mais à condition qu'elles soient soumises à sa seule volonté. Ce travers possessif se paie par un niveau de stress et de testostérone élevé et des ulcères. Sinon, pour les raisons évoquées plus haut, les hamadryas mâles s'efforcent de respecter des codes de bonne conduite. Ils ne courtisent pas une femelle dont ils savent qu'elle appartient au harem d'un autre mâle, ce qui n'empêche pas quelques rendez-vous galants derrière des recoins des falaises au cœur de la nuit.

Ce code de bonne conduite repose aussi sur une organisation sociale calquée sur les relations de parenté entre les mâles. Cela évoque une maxime très répandue dans les pays méditerranéens : « Moi ; moi contre mes frères ; mes frères et moi contre nos cousins ; moi, mes frères et mes cousins contre mes voisins ; moi, mes frères, mes cousins et mes voisins contre l'autre village… » Quand deux harems se déplacent ensemble, les mâles respectifs sont frères. Si ce sont plusieurs harems, ils sont frères ou cousins. Etc. De telles mœurs ne sont évidemment pas propices à la démocratie pour cause de népotisme et de favoritisme.

Quand on connaît le caractère regardant et farouche de ce singe envers ses femelles, on reste surpris de la façon dont il finit par se faire voler son harem, d'autant qu'il connaît l'histoire puisqu'il n'a pas agi autrement au moment de sa montée en puissance. Les choses se passent ainsi. Un mâle vieillissant, et encore dans la plénitude de ses moyens, dirige un harem. Un beau jour, un jeune mâle non apparenté se rapproche du harem et, jour après jour, se fait plus présent. Il aide le mâle résident à contrôler ses femelles face aux ambitions des autres mâles. Puis, le jour venu, le jeune évince le vieux qui connaît déjà la fin de son histoire. Il arrive qu'une femelle reste avec le mâle évincé ; il arrive aussi que le jeune ambitieux échoue, pour avoir oublié qu'il ne tenait son statut apparent que du bon vouloir du vieux mâle : il se prend pour l'élu alors qu'il n'a jamais été élu.

Les jeunes leaders se montrent trop vite arrogants, comme le rappelle cette anecdote chez les hamadryas rapportée par l'éthologue Hans Kummer. À cause d'une sécheresse persistante, les chefs de harem ne savent plus où aller pour trouver de la nourriture. Habituellement, et ce chaque matin, les harems descendent de la falaise, leur refuge nocturne, et les mâles se livrent à des sortes de danses ritualisées pour indiquer aux autres la direction qu'ils envisagent de prendre ; un début de processus démocratique. Des groupes se forment en fonction des décisions prises par les différents protagonistes, jusqu'au consensus. Mais en cette année de sécheresse, tous se trouvent désemparés. Tandis que les mâles se perdent en indécisions, il reste un vieux mâle accompagné de sa dernière compagne, d'ordinaire méprisé par les jeunes, qui descend tranquillement de la falaise. (Il attend que les rayons du soleil réchauffent ses vieilles articulations.) Sans un regard envers ses jeunes congénères, si hautains, il prend une direction inhabituelle. Alors les autres le suivent avec humilité, car ils savent que lui sait ; respect. Là aussi, c'est un comportement qu'on retrouve chez d'autres espèces très machistes et patrilinéaires, voire militaires, qui ont recours aux vieux en périodes désespérées.

Le célèbre éthologue Hans Kummer est le plus grand spécialiste des hamadryas. Lorsqu'il était sur le terrain en Éthiopie, il se faisait régulièrement piller sa tente par des guerriers Danakil, mais jamais sans les prendre sur le fait. Un jour, il en aperçoit un en haut d'une colline en train d'aviser sa tente. Son sang ne fait qu'un tour. Il grimpe la pente avec colère et précipitation et hurle à la face du Danakil, qui ne bouge pas. Fin éthologue, il comprend qu'il a perdu car, contrairement aux mâles hamadryas qu'il connaît si bien, il s'est engagé dans un conflit avec vigueur et énervement, ayant déjà usé de tous ses moyens. C'est la grande qualité de l'hamadryas, qui ne se laisse pas impressionner par l'agressivité guerrière de ses adversaires, capable par le verbe – dont il est le dernier protecteur – de refréner leur tendance à l'agressivité, lui qui sait ce que signifient le combat et ses conséquences néfastes. Le Danakil et l'hamadryas attendent calmement leur adversaire, jusqu'à ce qu'ils doivent faire un usage redoutable et efficace de leur lance ou de leurs canines. Il sait désarmer par sa belle audace, comme dans cette scène rapportée par Victor Meunier dans *Les Singes domestiques* (1886).

Une troupe d'hamadryas est poursuivie par des chasseurs occidentaux dans un coin d'Abyssinie. Ils s'enfuient très vite, mais un petit s'égare et se trouve acculé sur un rocher. Deux gros chiens menaçants s'approchent, suivis de leurs maîtres et de leurs fusils. Le petit appelle, désespéré. C'est alors qu'arrive un grand mâle hamadryas, puissant, rapide, sûr de lui. Il fixe les chiens et les chasseurs d'un regard déterminé. Les chiens se tapissent au sol alors que les chasseurs, estomaqués par une telle audace, et tels de vrais Nemrod, admirent le courage et abaissent leurs armes. Et ils ont bien fait, car ils n'ont certainement pas vu les autres qui arrivaient. Darwin rappelle la déconvenue d'une troupe coloniale de l'armée impériale britannique marchant dans le désert. Elle croise une troupe d'hamadryas. Quelques soldats désœuvrés leur lancent des cailloux. Les singes s'enfuient, ce qui fait bien rire la troupe. Quelques kilomètres plus loin, celle-ci gravit une vilaine côte qui se termine par un col rocheux. Surprise, les hamadryas les y attendent. Les soldats s'étonnent et les trouvent bien idiots : ces stupides singes n'ont pas compris la leçon. Mais la soldatesque commence à rire jaune quand les hamadryas déclenchent une terrible avalanche de rochers et de pierres préparés à dessein. Il semble que les « va-t-en-guerre occidentaux » n'entendent rien aux hamadryas et aux mœurs farouches de ces régions d'Orient.

Les hamadryas sont certes des machistes, mais ils n'hésitent pas à combattre pour protéger les leurs. Et ils ne manquent pas de culot avec leur croupe couverte d'une vive couleur rouge qui, comme le note Kummer, impressionne aussi les espèces voisines, comme les babouins de savane ou les geladas. Ces derniers, habitants des hauts plateaux d'Éthiopie, vivent aussi dans des structures de harems polygynes, un mâle et plusieurs femelles, mais ces dernières sont apparentées et le mâle est plus un protecteur qu'un farouche chef de harem. Cette remarque pour souligner qu'il n'y a pas de malédiction du milieu pour expliquer les structures sociales. Entre contraintes géographiques et mœurs du pouvoir, *De l'esprit des lois* de Montesquieu chez les grands babouins.

Le mode de communication des hamadryas est impressionnant. Leur toison entoure une face allongée à la peau claire. En général, regarder un mâle droit dans les yeux en montrant ses dents constitue une agression. Mais comme pour toutes les espèces, les individus sont différents les uns des autres. On peut rencontrer des individus qui font exception, et qui ne manquent pas de se croire exceptionnels. On a récemment observé un tel mâle animé de toute sa superbe. Face à un congénère, il joue de sa corpulence et de sa toison grise, le fixant droit dans les yeux et affichant un sourire qui dissimule à peine ses grandes canines taillées pour l'ambition. Quel sera son succès reproducteur ? Il a certainement moins d'inquiétude à se faire du côté des femelles que des autres mâles qui, pour le coup et à cause de tous ses vilains coups, le regardent d'un mauvais œil et affûtent leurs canines. Car dès que le vieux mâle protecteur aura tiré sa révérence, ce sera l'hallali : les autres mâles, trop longtemps privés de l'accès au seigneur de harem, se coaliseront pour l'éliminer.

C'est ce qui finit toujours par arriver, perpétuant la malédiction des protégés du prince, non élus, et prétendant tout de même au suffrage général, eux qui, pourtant, connaissent si bien l'esprit de cour. Notre vizir peut sembler avoir réussi puisqu'on lit ceci sur la page Wikipédia qui lui est consacrée : « Un passage du *Livre de la vache et du ciel* explique que Thot est choisi par Rê comme vizir [l'équivalent chez nous de président et du Premier ministre] alors que celui-ci s'apprête à quitter le monde des hommes [entendre : celui de la politique]. Thot est ainsi le greffier divin qui possède les mêmes compétences que le greffier de l'administration pharaonique. » Mais il ne parvint pas à être calife à la place du calife. Telle est la malédiction de Thot. Il semble qu'il irritait son entourage. On lit aussi ceci sur la page Wikipédia : « La conscience aiguë qu'il a de sa supériorité intellectuelle le rend ennuyeux, présomptueux et pompeux. Il aime les discours soignés, les formules alambiquées et affecte les tons empruntés. Souvent il agace les autres divinités qui ne manquent pas de le lui faire remarquer. » Telle est la destinée de Thot, des écritures hiéroglyphiques aux pages numériques de la toile. Ou de la constance en éthologie.

Quelques regrets tout de même, tant ses discours ne s'apparentaient en rien à des tartarinades et moins encore à des raffarinades. Qu'advient-il de l'hamadryas aujourd'hui alors que son protecteur Hans Kummer a pris sa retraite ? Depuis le retrait de Thot, la qualité du verbe s'est lamentablement dégradée.

Mais la noblesse des hamadryas n'a cure de ces mépris anthropocentriques. Chaque soir, ils se tiennent assis face au soleil couchant, portant la main au-dessus des yeux. Ils contemplent l'astre céleste achevant sa traversée du désert. Ils sont laissés à l'empire de la solitude d'une longue nuit dont ils espèrent saluer le retour un beau matin.

L'éclipse de l'hamadryas ou de Thot a laissé la place à trop de discours mal écrits et surtout mal prononcés depuis deux cycles célestes quinquennaux. Quelque peu furieux, c'est dans sa nature, l'hamadryas vient de réapparaître pour dénoncer de sa verve tranchante les dérives affligeantes des paroles non respectées de ceux qui se targuent de parler au nom du peuple.

CHAPITRE 2

Le singe vervet ou la question de l'écologie

Les singes vervets (*Chlorocebus*) vivent en Afrique en marge des habitats forestiers et des savanes arborées. Ils ont des mœurs à la fois arboricoles et terrestres. Leurs populations se répartissent de l'Afrique du Sud à l'Éthiopie, ce qui correspond à l'aire de répartition géographique des premiers hommes il y a un peu plus de deux millions d'années. Au fil du temps, les relations mutuelles entre ces singes et les hommes ne se sont pas arrangées sur le plan écologique. Les populations actuelles se trouvent de plus en plus menacées par les voitures, les chasseurs, les chiens, l'urbanisation et les lignes électriques (surtout celles qui transportent de l'électricité provenant de centrales nucléaires)... Autant de facteurs de la plus haute détestation chez les vervets.

Le nom scientifique des vervets est *Chlorocebus*, littéralement le « singe vert ». Le nom d'espèce précis est *Chlorocebus pygerythrus*, autrement dit « singe vert avec des poils rouges sur le postérieur » – on sait combien certains singes d'Afrique affichent un postérieur aux couleurs vives pour attirer, voire impressionner, d'éventuelles partenaires.

Il y a de quoi se perdre entre les différentes espèces et sous-espèces du genre *Chlorocebus*, ces dernières pouvant redevenir des espèces… Bref, rien de jamais simple chez les singes verts. Au dernier recensement, on a *Chloropithecus sabaeus, C. djamdjamensis, C. tantalus, C. pygerythrus* et *C. cynosuros*. Tous ces noms sentent bon l'Afrique et ses mythologies. *C. sabaeus* évoque la reine de Saba, qui vivait du côté de l'Éthiopie avec le grivet ou *C. aethiopicus*. Le *C. djamdjamensis* correspond à un petit groupe sévissant sur des plateaux farouchement défendus par des mâles portant de belles moustaches. *C. tantalus* évoque Tantale et son supplice. Ce mortel, fils de Zeus ou, si l'on préfère, sorti de la cuisse de Jupiter, crût tromper les dieux de l'Olympe. Il défia leurs pouvoirs divinatoires, ce qu'on appelle de nos jours un sondage, et en fut sévèrement puni. On l'enchaîna dans une rivière bordée d'arbres fruitiers. Dès que Tantale voulait boire, le niveau de l'eau baissait ; dès qu'il désirait manger un fruit, les branches se relevaient. Chez les singes verts, c'est une épreuve écologique constante, notamment pour les aspirants aux premiers rangs.

Une tendance récente se dégage depuis quelque temps pour nommer quelques individus remarquables chez les vervets. De la même façon que les paléoanthropologues utilisent le suffixe -pithèque pour désigner les fossiles de la lignée humaine et moult espèces de singes – australopithèques, ardipithèques, cercopithèques, chloropithèques, etc. –, les leaders éphémères des singes verts se reconnaissent par des suffixes en -ot. C'est vraiment une particularité récente de cette espèce qui, d'une certaine façon, cherche sa place dans les systèmes taxonomiques et écologiques.

Dès que les hommes ont un problème, c'est de sa faute ou, quand il parle des problèmes, on dit que c'est de sa faute, car le grand singe *Homo sapiens* déteste avant tout deux choses : qu'on lui rappelle qu'il est un singe, ce qui le rend vert de rage, et surtout que lui aussi peut refiler des maladies aux autres singes, sans oublier les dévastations des écosystèmes. Du côté des maladies, les vervets sont sensibles à l'hypertension et sont porteurs du virus SIV, le sida du singe. Ces deux fléaux se retrouvent aussi chez les *Homo sapiens* des villes. Alors, comment des vervets des savanes arborées d'Afrique ont-ils pu les transmettre aux hommes au teint vert des cités polluées ?

Comme chez la majorité des espèces de singes, les femelles sont phylopatriques. D'une manière générale, les primatologues appellent les femelles le « sexe écologique ». Pourquoi ? Parce que les femelles, qui mettent un seul petit au monde, ont besoin d'avoir accès aux ressources de nourriture et qu'elles bénéficient de l'expérience de leurs mères, tantes, sœurs et consœurs. Elles pratiquent à volonté ce que les Anglo-Saxons appellent l'*alloparenting*, les soins apportés aux petits par des individus apparentés ou proches. (Les vervets se trouvent dans la partie anglophone de l'Afrique.) Cela signifie qu'elles restent toute leur vie dans leur groupe et territoire natals tandis que les mâles doivent migrer à l'adolescence pour avoir une chance de se reproduire.

Même si les mâles s'arrangent pour s'introduire dans un groupe où il pourrait compter sur des apparentés, l'affaire n'est pas simple, loin de là. Les observations faites ces dernières années montrent que des mâles, pourtant puissants et réputés venant de l'extérieur, se sont retrouvés en très mauvaise situation, voire expulsés. Certains mâles arborent des parties génitales cocardières avec des testicules bleus et un pénis rouge. On a observé récemment que les femelles phylopatriques n'appréciaient pas forcément ce caractère, d'autant que certains mâles cocardiers se révèlent de vilains harceleurs sexuels. On touche ici une question très controversée sur la signification de la taille et de la couleur génitale chez les mâles dans le cadre de la sélection sexuelle : est-ce pour séduire les femelles – mais cela conduit à des abus et des échecs cuisants – ou pour rivaliser avec les autres mâles ? Voilà qui requiert une grande expertise dans les usages de ces caractères, tout comportement décalé pouvant susciter le rejet des femelles et l'agressivité des autres mâles. Ainsi tout mâle désirant entrer dans une troupe de vervets, même bénéficiant de beaux atouts lui ayant assuré le succès par ailleurs, se risque à de sérieuses déconvenues qui, le plus souvent, échappent à toute raison sexuelle ou écologique.

Le singe vervet est célèbre depuis que des éthologues eurent la bonne idée d'enregistrer ses cris et de les rétro-rediffuser afin d'en contrôler les effets sur le groupe. Ils ont identifié plusieurs appels bien distincts, chacun correspondant à un cri d'alarme précis annonçant soit un prédateur véloce capable de bondir dans les arbres comme le léopard, soit un prédateur venant du ciel comme les redoutables aigles, soit un prédateur sournois et rampant comme un python. D'autres vocalises interviennent dans les relations sociales.

Dès qu'on aborde la question de la communication chez les singes, et les autres animaux en général, les spécialistes des sciences humaines qui distinguent à peine un ouistiti d'un gorille poussent un cri d'alerte : « Anthropomorphisme ! » Mais les singes n'ont que faire de l'anthropomorphisme.

Ces cris ne sont évidemment pas innés. Les jeunes les apprennent et ne manquent pas de se faire tancer s'ils s'expriment à mauvais escient. Toutefois, même si un vervet acquiert l'aptitude et la maîtrise requises, la force et l'influence de son message vont dépendre de son statut social, plus précisément de ce qu'il est né et vit dans un clan dominant ou dominé.

Les vervets font preuve d'une vive sensibilité écologique et s'écrient dès que quelque chose se passe dans leur environnement. Pour les raisons évoquées ci-dessus, l'influence de l'alerte est liée au locuteur et à son statut. Si chez d'autres espèces de singes, ce genre d'alerte conduit à des regroupements de défense collective, c'est plutôt rare chez les vervets qui se montrent peu capables de s'unir pour mener une action commune et efficace.

Les éthologues suivent rarement les trajectoires de vie des individus vervets depuis l'enfance jusqu'à l'âge adulte, comme cela se fait, par exemple, avec les chimpanzés. Comme dans toutes les espèces, les jeunes s'activent, s'agitent et prennent des risques, sans se préoccuper des conséquences sur la vie du groupe ou l'environnement. Puis arrive l'âge adulte, marqué par l'apaisement et des comportements plus responsables. Rien que de très éthologiquement banal. Mais ce contraste entre les comportements exubérants de la jeunesse et ceux de l'âge adulte apparaissent encore plus contradictoires chez les vervets. Jeunes, ils se permettent des actions et des plaisirs peu accessibles aux jeunes des autres espèces de singes puis, par une sorte de mutation, parfois tardive, ils dénient aux autres ce dont ils se sont gavés au prétexte que cela nuit à l'environnement. En prolongeant cette remarque sur le mode anthropomorphique, leur devise moraliste pourrait être : « Faites ce que je dis, pas ce que j'ai fait. » Parole de vervet !

Autre paradoxe, ces singes très sensibles à l'écologie et, donc, aux biodiversités n'affichent pas, si on se réfère aux photographies sur les réseaux, une grande diversité chez leurs membres. Tout cela ajoute à la confusion, à l'image de leurs stratégies de pouvoir qui représentent un vrai défi scientifique, ce qui fait l'objet d'une sous-discipline de l'éthologie, l'EELV pour Etho-Ecology of Living Vervets. En général, ces recherches sont confiées à de jeunes chercheurs pleins d'enthousiasme avant qu'ils en reviennent verts de dépit tant la logique primatologique se trouve désemparée.

Les vervets vivent en marge des savanes et des forêts, et aussi bien au sol que dans les arbres. Leur régime alimentaire est de type frugivore/omnivore, se composant de fruits, de fleurs, de jeunes pousses et de feuilles tendres, agrémentés d'insectes et de petits vertébrés. La consommation d'insectes et de petits animaux, donc de viande, n'est pas tolérée par tous les individus, et parfois de façon plus radicale que viscérale. S'aventurer à découvert présente des risques de prédation, ce qui se traduit par une vigilance très sensible, associée aux appels d'alerte mentionnés plus haut.

Cependant, les vervets se révèlent encore plus vigilants envers les membres de leur groupe : dès que l'un d'eux la ramène un peu trop, il se retrouve en proie à diverses formes d'hostilité. C'est une différence importante, par exemple, avec les macaques d'Inde qui forment des communautés écologiques interdépendantes, s'associant, par exemple, à d'autres singes, comme les entelles, mais aussi aux daims. Les singes étant les « yeux de la forêt » et les daims « les oreilles de la forêt », ce genre de collaboration ne rend pas la tâche facile aux tigres, aux panthères et autres prédateurs. Retour en Afrique où l'on retrouve de telles associations chez les voisins des vervets, entre les chimpanzés, les babouins et les antilopes. Même si quelques babouins mâles croquent parfois une jeune antilope, qu'ils peuvent se faire chiper par des chimpanzés, ces derniers pouvant aussi dévorer un jeune babouin, ce sont autant de tributs et de concessions, le prix à payer en quelque sorte pour avoir la maîtrise plus sereine de l'environnement et mieux prévenir de l'arrivée des prédateurs.

Rien de tel chez les vervets, toujours méfiants envers toutes les espèces qui les entourent, préférant se livrer à des conflits sibyllins que les éthologues n'arrivent pas à élucider. En résumé, que ce soit au sein de son groupe ou avec les autres groupes, la position écologique du vervet n'est jamais simple.

Les singes verts se distinguent parmi les rares espèces de singes qui ne sont pas en danger d'extinction, à la fois par leur diversité et par leur nombre. Leur grande versatilité fait qu'ils s'accommodent fort bien de milieux moins naturels comme les villes et les régions agricoles. Ils sont rarement les bienvenus dans les champs, les paysans les considérant comme de vraies pestes. Ils ne semblent pas près, et c'est tant mieux, de se retrouver sur la liste rouge des espèces en voie d'extinction. Mais alors, comment comprendre leur penchant à se rapprocher d'autres espèces plus en danger ?

CHAPITRE 3

L'orang-outang ou la question de la tradition sociale

Parmi tous les grands singes, l'orang-outang (*Pongo pygmaeus*), ou grand singe orange, est celui le plus proche de l'extinction. Ses ultimes refuges se trouvent sur les îles de Sumatra et de Bornéo. C'est, hélas, le signe de la disparition imminente d'une espèce. Quand une espèce qui a été jadis florissante, répartie sur le continent sud-asiatique et les grandes îles de la Sonde, voit ses dernières populations de plus en plus isolées, sans plus aucune possibilité de transfert génétique entre elles, c'est le déclin inéluctable. Même si les parcs zoologiques s'efforcent de maintenir la diversité génétique des individus éparpillés de par le monde, les orangs-outangs ne retrouveront jamais leur dynamique adaptative. Ils semblent condamnés à survivre isolés les uns des autres au bon vouloir des programmes de protection. Il n'est pas sûr que les individus que l'on rapproche tant que faire se peut puissent recouvrer une vraie dynamique évolutive et adaptative malgré les multiples programmes inventés pour sauver les Pongo (Pongo Survival en anglais ou PS pour les spécialistes).

Parmi les grands singes hominoïdes proches de l'homme – les chimpanzés, les bonobos et les gorilles –, l'orang-outang a été l'un des premiers découverts par l'Occident, plus précisément par les Hollandais qui, à cette époque, contrôlaient le sud-est de l'Asie. Sa première étude scientifique, une dissection comme il se doit, a été réalisée par le grand chirurgien Nicolaes Tulp, chirurgien que l'on voit à l'extrême droite dans le tableau de Rembrandt intitulé *Leçon d'anatomie du docteur Tulp*. Le père de ce qui deviendra plus tard l'éthologie en Hollande est donc un médecin, bourgmestre d'Amsterdam et ami de René Descartes ; il donnait une dissection en public chaque année. Le nom Tulp ou Tulpius s'inspire de la tulipe, fleur emblématique de Hollande chipée aux Turcs qui fit l'objet de la première spéculation financière ou *tulipmania* de l'histoire bancaire au XVIIe siècle. Depuis, la finance est devenue son ennemie. On connaît mieux sa postérité que sa descendance, la relation filiale avec Fanfan la tulipe étant douteuse, personnage sympathique du cinéma aimé des plus belles actrices et récalcitrant au mariage.

Pour la petite histoire, le tableau commandé par la puissante guilde des chirurgiens en 1632 fut mis en vente aux enchères en 1828. Le roi Guillaume d'Orange en fit l'acquisition pour le conserver dans son cabinet royal. Il a fait l'objet récemment d'une belle restauration – le tableau, pas le pouvoir royal.

L'éthologue ne cesse d'être surpris par l'ignorance persistante autour de ces beaux grands singes. Dans *Double assassinat dans la rue Morgue* d'Edgar Poe, le premier roman policier de l'histoire de la littérature, l'assassin de Mme de Lespinasse et de sa fille est un infortuné orang-outang. Quand il arrive par la fenêtre dans l'appartement des deux femmes, celles-ci crient, aussi surprises qu'effrayées. Le grand singe panique.

Il se débarrasse des deux femmes en les poussant de sa force prodigieuse dans le conduit de la cheminée. Ayant réussi à les étouffer, il n'eut pas d'ennuis, l'important étant d'éviter que les femelles déçues n'expriment leur dépit.

Une légende aurait pu naître, mais voilà que le gorille arrive en Occident et que Darwin publie *L'Origine des espèces* en 1859. Quand Hollywood réalise la première adaptation cinématographique de la nouvelle de Poe en 1933, c'est un gorille. Itou pour le *King Kong* de l'année suivante qui renvoie l'orang-outang dans les oubliettes. Puis c'est au tour de Tintin de porter secours à son jeune ami Tchang dans l'Himalaya et notre yéti ou migou a aussi l'apparence d'un gorille. Or le yéti a bien existé, son nom paléontologique et officiel étant le gigantopithèque ou singe géant. C'était en fait un très gros orang-outang mangeur de bambous et autres végétaux coriaces. Mais rien n'y fait. On continue à crier « gare au gorille » et personne ne voit venir l'orang-outang. On pourrait même dire qu'on a tout fait pour qu'il ne vienne pas.

L'orang-outang est, de tous les grands singes, celui qui interroge le plus les fondements de l'humanisme moderne, autrement dit des Lumières. Tout commence avec la dissection d'un « orang » par le chirurgien Edward Tyson à Londres en 1698. Même s'il s'agit en fait d'un chimpanzé ou troglodyte, la publication des observations de Tyson l'année suivante révèlent que le corps de cet « orang » ressemble plus à l'homme qu'à un autre singe. Nous sommes en plein cœur du « siècle des naturalistes ». Dans la dixième édition du *Système de la nature* de Charles Linné (1758), l'homme prend son nom scientifique d'*Homo sapiens* et se retrouve parmi les primates et les singes. L'affront reste supportable tant que la nature et les espèces restent stables depuis la Création pour les théologiens et que le schisme dualiste des philosophes cartésiens n'est pas menacé. Mais c'est là que Rousseau entre en scène. Son concept fondateur de l'homme sauvage perfectible par l'éducation l'amène à considérer que l'orang-outang serait proche de l'homme sauvage, d'autant qu'on ne connaît pas encore l'étendue de la diversité des hommes sur la Terre. Pour s'en assurer, il suggère dans son *Discours sur l'origine et les fondements de l'inégalité parmi les hommes* (1755) de faire l'expérience d'un croisement entre un orang-outang et une femme. Prenant le parti de Rousseau, le célèbre James Burnett ou Lord Monboddo, un des premiers esprits préévolutionnistes, publie un essai sur les origines du langage avec, en filigrane, l'apprentissage du langage à des grands singes. Les controverses font rage dans le contexte des Lumières entre ceux qui plaident pour un homme libéré de tout instinct, et d'emblée perfectible, et ceux qui admettent sa perfectibilité depuis un état de nature. Les vrais orangs-outangs, enfin distingués des chimpanzés et des autres singes, arrivent bien malgré eux, comme celui décrit par le baron Friedrich von Wurmb. Le tableau qu'il en dresse, et qui le rapproche de l'homme, soulève de vives polémiques et, curieusement, ce sont les naturalistes, à l'instar de Buffon, Daubenton, Camper et d'autres, qui se chargent de la besogne de diluer l'orang-outang dans la confusion des singes. Les naturalistes français cartésiens et leurs instincts dualistes les égarent jusqu'au milieu du XIXe siècle, jusqu'à ce que leurs collègues anglais, à commencer par Richard Owen, établissent clairement le groupe des grands singes. Depuis, nos amis d'outre-Manche utilisent le terme « *apes* » pour les chimpanzés, les bonobos, les gorilles et les orangs-outangs et « *monkeys* » pour les autres singes tandis que le pays de Descartes se contente du trop général et vague « singe ». Si les penseurs de notre nation sont des Lumières pour les droits de l'homme, la majorité demeure dans l'obscurité pour les grands singes et leurs droits.

Dans *Le Rêve de d'Alembert*, Diderot évoque la rencontre entre le cardinal de Polignac – une grande famille du Velay, dans le Massif central – avec un pauvre orang-outang encagé au Jardin du Roy, notre actuel Jardin des Plantes. Il le scrute – et réciproquement – et lui dit : « Parle, et je te baptise. » Encore cette interrogation sur le langage. Ce texte de Diderot énonce ses idées matérialistes préévolutionnistes dans un dialogue entre un docteur et Mme Julie de Lespinasse, qui tenait un célèbre salon à Paris et dont d'Alembert était très épris. D'abord publié dans la *Correspondance littéraire* en 1782, *Le Rêve de d'Alembert* ressort en 1830. Le temps des révolutions et de l'évolution arrive enfin. Mme de Lespinasse disparaît du texte, avant qu'on ne retrouve ses descendantes enfoncées par un orang-outang dans *Double Assassinat dans la rue Morgue*. On trouve aussi une autre grande dame, Louise d'Épinay, qui fut un temps une grande amie de Rousseau, puis se fâcha. Redoutant d'apparaître sous un mauvais portrait dans *Les Confessions* de Jean-Jacques, elle publia ses mémoires qui comptent parmi les grands livres de la littérature féminine. Depuis l'époque de Mme d'Épinay, les confessions semblent au cœur de dissensions au sein de cette grande famille philosophique et politique. Notre orang-outang devrait donc faire attention à tout ce que l'on ne devrait pas dire…

On pourrait évoquer d'autres histoires avec l'orang-outang réhabilité en 1830 dans sa place auprès des hommes. Nous retiendrons que ce grand singe se place à l'origine d'une pensée rousseauiste, humaniste, sociale et progressiste qui se perpétue des Lumières à aujourd'hui.

Hier comme aujourd'hui, c'est un grand singe faussement placide et très malicieux, bien plus malin et riche d'esprit qu'on l'imagine. On ne lui prête pas attention et encore moins d'intention, peut-être à cause de son air bonhomme. Ainsi on ne s'en méfie pas quand il sort du bois avec sa force tranquille. Et pourtant : « Gare à l'orang-outang ! »

Les éthologues ont mis du temps à s'intéresser aux capacités cognitives et sexuelles de ce grand singe. Il est vrai que les médias et les bobos ne jurent que par l'agitation fébrile des chimpanzés et la frénésie sexuelle des bonobos, les confondant parfois, tant il est vrai que les deux restent des chimpanzés. Et pourtant, l'orang-outang est de loin le plus talentueux. Il prend son temps et se livre à tous les délices du sexe, là-haut, bien installé sur une large branche. Nul besoin de s'afficher : c'est une affaire privée et pleine de délice ; évidemment, c'est sans compter sur l'indiscrétion professionnelle des éthologues.

Le grand singe roux réfléchit avant de se lancer dans l'action. D'où vient autant de circonspection ? L'orang-outang est un « quadrumane » averti, qui s'aide des extrémités de ses quatre membres aux articulations très souples, ce qui lui vaut ce surnom (quatre mains). En fait, il est le plus grand mammifère arboricole. Se balader au-dessus de la diversité des espèces et des sous-espèces du peuple singe tient de l'acrobatie. Pour se déplacer dans la couronne des arbres, l'orang-outang assure ses prises car, quand on a une telle masse, on a conscience que la chute peut être fatale. C'est un artiste des locomotions acrobatiques. Les articulations de ses membres possèdent une grande souplesse, ce qu'on appelle l'énarthrose. Tout cela s'apprend au cours de la jeunesse à l'École néotropicale d'acrobatie (ou ENA) qui autorise l'accession aux plus hautes strates de la canopée. Ainsi, pour se mouvoir dans les entrelacs des branches, il pense intelligemment à son itinéraire avec une capacité étonnante à faire la synthèse du fouillis des informations de la forêt. Si l'orang-outang se distingue comme le grand singe le plus arboricole, en contrepartie il s'aventure très peu au sol, ignorant ce qui se passe chez les espèces plus terrestres.

Ainsi, il y a des arbres que les aborigènes appellent « désespoirs des singes ». Ils ressemblent à des palmiers avec, dans la couronne, des fruits magnifiques et succulents. Seulement le grand tronc dépourvu de branches dans ses parties inférieures est couvert de longues épines. D'où le désespoir de tout singe qui voudrait se lancer sans compétence ni expérience. Notre orang-outang opère à sa manière. Au lieu de s'obstiner à partir de la base du tronc – c'est d'ailleurs le problème de ce grand singe, pas toujours très à l'aise au sol –, il prend de la hauteur. Il repère un arbre voisin de celui convoité et plus haut. Il grimpe à l'extrémité d'une grande branche qui, sous l'effet de son poids, se plie et l'emmène juste au-dessus des fruits désirés. Il les cueille puis repart comme il était venu, grâce à l'élasticité de la grosse branche. (Les chimpanzés usent d'une autre méthode : rusés et brutaux comme à leur habitude, ils confectionnent des sandales et montent vers les fruits en écrasant les épines sans remords, bien contents d'arriver au sommet pour se goinfrer tout seuls.)

On pense que c'est là une des origines de la conscience. En effet, si un petit singe de quelques kilogrammes loupe une branche, il peut facilement se raccrocher à une autre. Pour un grand singe de plus de 40 kilogrammes, c'est une autre affaire, son poids pouvant l'entraîner dans des chutes mortelles. Le grand Galilée a démontré que ce que la sagesse populaire et aristotélicienne considérait comme une évidence, à savoir qu'un corps léger tombe moins vite qu'un corps lourd, est une fausse évidence. Mais il est certain que les orangs-outangs ont une conscience psychologique différente de la chute des corps. Certes, un petit singe tombe aussi vite qu'un grand singe. Le problème n'est pas là, mais dans la possibilité de trouver une branche suffisamment solide pour se rattraper. D'une manière générale, les éthologues observent que si les grands singes mâles se montrent toujours aussi ambitieux en termes d'ascension arboricole, ils ont pris conscience des risques de chute et surveillent leur poids.

L'orang-outang est doué de culture et d'humour, les deux allant ensemble. (Ce n'est pas le cas de toutes les espèces de singes, loin s'en faut, certaines étant démunies des deux.). Les différents groupes d'orangs-outangs diffèrent par leurs habitudes alimentaires – ils sont très gourmands – ainsi que par leur usage des outils et leur façon d'interagir socialement (appels, prises de contact, modes d'épouillage). On parle de culture ou de courants ; c'est selon. Ils rient aussi de bon cœur, avec des expressions faciales franchement drôles, même pour des humains pince-sans-rire.

Pour acquérir toutes ces compétences, il faut du temps, celui d'une longue vie. L'orang-outang fait partie d'un groupe d'espèces dite « K », ce qui veut dire avec des femelles qui mettent au monde un seul petit après une longue gestation, un sevrage tardif vers l'âge de 4 ans, une arrivée à la maturité sexuelle et à l'âge adulte entre 10 et 20 ans et une espérance de vie de 40 à 100 ans. Un jeune apprend à vivre avec sa mère, son groupe natal et l'ensemble du groupe social en bénéficiant des traditions, des compétences et des connaissances acquises et transmises par les autres. Parmi ces espèces dont l'investissement parental et éducatif participe de l'adaptation, on rencontre les grands singes – donc l'orang-outang, l'homme, le chimpanzé, le bonobo et le gorille –, les éléphants et quelques espèces de cétacés (baleines et dauphins). Ces espèces sont peu nombreuses et ont peu d'opportunité d'interagir entre elles. Il n'empêche que notre orang-outang se retrouve dans des communautés écologiques très compétitives, que ce soit dans la nature, avec les macaques (*Macaca mulatta*), les entelles (*Semonopithecus entellus*) ou les gibbons (*Hylabates lar*), et dans les zoos, les cités et les parcs zoologiques avec les autres grands singes.

Les orangs-outangs vivent dans des systèmes sociaux assez archaïques pour des mammifères et surtout des singes. Un mâle résident défend un territoire qui couvre celui de plusieurs femelles. On parle d'organisation en noyau ou par section. Normalement, le mâle s'assure l'exclusivité sexuelle des femelles, mais il n'est pas facile de les contrôler efficacement, d'autant que les mâles célibataires ne manquent pas une occasion. Deux stratégies s'offrent donc aux mâles. La première consiste à avoir une structure en noyau. Le mâle manifeste sa position et sa réussite par une superbe transformation morphologique : grande taille corporelle, toison avec de longs cheveux roux-bruns et des bourrelets faciaux entourant la face. (De façon générale, et dans toutes les espèces, les mâles changent d'allure quand ils atteignent la position d'alpha.) Telles sont les marques de majesté de l'orang-outang mâle au faîte de sa gloire. Les autres mâles adultes, n'ayant pu établir un tel empire sur quelques femelles, adoptent des attitudes plus furtives. Mais gare s'ils se font surprendre en train de conter fleurette à une femelle par le mâle résident.

L'orang-outang est réputé par la qualité de ses vocalises. Les indigènes disent que le chant mélodieux du mâle exprime un chagrin, celui d'avoir été abandonné par ses femelles, parties rejoindre le monde des hommes. Tout cela n'est que légende.

En fait, son chant signifie aux autres mâles qu'il y a un chef dans le coin et aux femelles qu'il a un œil sur elles, ce qui est impossible dans la canopée de la forêt. Personne n'est dupe de la signification du discours. Notre dominant connaît la musique, ce qui nous amène à l'autre stratégie. Celle-ci consiste à refuser de vieillir. Plutôt que de se mettre dans les affres de la dominance et de ses apparats, le jeune adulte opte pour une attitude plus furtive. Il agit habilement et sans se faire remarquer pour éviter l'attaque des grands mâles jaloux de leurs privilèges durement acquis. Alors il se glisse discrètement entre les branches et les feuillages pour séduire les belles, souvent complices, mais pas toujours, ce qui fait parfois de ce séducteur malin un harceleur moins sympathique.

Aujourd'hui, les orangs-outangs se trouvent au bord de l'extinction dans la nature. Leur nombre devient plus important dans les parcs zoologiques que dans la nature, sans évoquer tous ces squelettes rangés dans les cabinets poussiéreux des muséums. Leurs chances de survie ne cessent de régresser à cause des désastres écologiques poussés par le capitalisme agressif et sauvage qui perpétue la destruction des forêts tropicales, notamment pour la production de l'infâme huile de palme. Quel avenir à court terme pour cette espèce entre l'écologie citadine et le capitalisme sauvage ?

Les orangs-outangs comptent, hélas, parmi les espèces les plus menacées. Leurs habitats reculent devant l'expansion des plantations de palmiers à huile. Leur apparente placidité s'associe à une sorte de renoncement. Ils détestent les conflits, préférant les confidences, et constatent, désabusés et confrontés à la concurrence déloyale des singes opportunistes, que leur monde est en train de disparaître.

CHAPITRE 4

Le macaque rhésus ou la question de la gouvernance

Les macaques ou genre *Macaca* représentent un groupe en pleine expansion depuis quelques millions d'années, connus aujourd'hui par une vingtaine d'espèces. Les plus célèbres sont les magots de l'Atlas et du rocher de Gibraltar – appelés aussi « singes de Barbarie », non pas parce qu'ils vivent au pays barbaresque, mais parce que ce sont eux qui tournaient inlassablement la manivelle des orgues de Barbarie – et, à l'autre bout du monde, les macaques japonais que l'on voit souvent photographiés l'hiver, quand ils séjournent dans des sources d'eau chaude avec de la neige sur la tête. Leur plus grande diversité s'étend de l'Inde à la Chine.

Le plus beau est le ouandérou indien (*Macaca silenus*), appelé « macaque lion » en raison de sa magnifique crinière et de sa longue queue terminée par une jolie touffe. Le plus cool, et de très belle allure, est le macaque des Célèbes (*Macaca tonkeana*). Le plus célèbre est le magot, déjà évoqué, ou macaque berbère (*Macaca sylvanus*) qui, outre ses aptitudes à jouer de l'orgue, se montre le plus adorable avec les enfants (on a tenté de le renommer récemment *Macaca doltoi*, mais les règles internationales de la taxonomie s'y opposent). Passons sur le macaque nègre aux belles expressions faciales (*Macaca nigra*) et autre macaque botté et à reflets blonds et finement bruns (*Macaca ochreata*), à queue de cochon (*Macaca nemestrina*), etc. Le macaque ours ou à face rouge du Vietnam (*Macaca arctoides*) sert aux expérimentations pour les cosmétiques. Le macaque du Tibet (*Macaca thibetana*) – le plus grand de tous – se méfie du macaque bonnet chinois (*Macaca radiata*) qui, comme son nom l'indique, a tendance à l'expansion – à ne pas confondre avec le *Macaca sinica* ou macaque à toque du Sri Lanka. N'oublions pas non plus le macaque de Taïwan ou *Macaca cyclopis*, à force de regarder du bon œil les agitations du *M. radiata*, mais aussi le macaque crabier (*Macaca fascicularis*) de Java et, bien sûr, le macaque du Japon (*Macaca fuscata*) déjà cité lui aussi, connu pour ses habitudes hivernales et sa manie de prendre des bains de siège, ce qui pousse quelques systématiciens fantaisistes à le décrire comme des *Macaca rikazaraii*, nom à l'étymologie nippone douteuse. Enfin, *last but not the least*, il y a le macaque rhésus *Macaca mulatta* ; c'est lui qui retiendra notre attention par la suite.

Tentons de mettre un peu d'ordre dans cette diversité. Comment définir les contours et l'unicité de ce genre ? Les spécialistes en macacalogie arrivent à distinguer trois groupes, tous rangés sous l'acronyme UMP pour *Unicity of Macaca Populations*. Inutile de préciser qu'on est loin d'un compromis facile – en effet, un ancien groupe, dit rhésus et proches rhésus (RPR), a tendance à vouloir dominer. Depuis peu, une sorte de coup d'État pour dominer toutes ces espèces les rassemble bon gré et surtout mal gré autour des macaques rhésus (LR pour Les rhésus).

Cette affaire de taxonomie n'est pas plus simple vue du côté de la paléontologie ou paléomacacalogie. Les macaques fossiles sont nombreux et pas faciles à distinguer des actuels. Par commodité, on les réunit sous le sigle UDF pour unité des fossiles, avec quelques spécimens encore actifs, que certains qualifient de fossiles vivants. À cela s'ajoute, au centre de l'ère de répartition des macaques, une pluralité d'espèces ou de sous-espèces de moindre importance qu'il n'est pas facile d'unifier, bien qu'en toute logique mathématique, mais pas macaquienne, il ne peut y avoir qu'un seul centre. Mais pas chez les macaques dont le centre penche plus du côté droit que du côté gauche. La systématique n'a jamais été une discipline évidente, même si elle est très utile pour comprendre l'évolution sociale.

Le genre *macaca* s'avère d'ailleurs très précieux pour les études entre la systématique et les systèmes sociaux. En d'autres termes, comprendre dans la diversité des systèmes sociaux ce qui tient des contraintes phylogénétiques – donc de l'histoire de chaque groupe, et de leur adaptabilité par-delà ces contraintes (B. Thierry, « Identifying Constraints in the Evolution of Primate Societies », *Philos. Trans. R. Soc. Lond. B Biol. Sci.*, 2013, 368 : 1618). La reconstitution de l'histoire sociale des macaques indique un groupe ancestral avec des relations plutôt tolérantes. La plupart des lignées ont conservé ce caractère tandis que quatre espèces ont évolué vers des sociétés très autoritaires : les macaques rhésus (*M. mulatta*), les macaques du Japon (*M. fuscata*), les macaques à longue queue (*M. fascicularis*) et les macaques à queue de cochon (*M. nemestrina*). Ces recherches mettent en évidence la récurrence de caractères corrélés entre la tolérance, le degré de dominance, l'intensité des agressions, le niveau de coopération ou encore les expressions individuelles, et ce quelles que soient les espèces, dont l'homme. Les espèces intolérantes présentent une hiérarchie de domination stricte et une tendance au népotisme. Les espèces tolérantes ont des relations de dominance plus relâchées et s'en remettent moins à des relations basées sur les relations de parenté. Il semble que le degré d'intolérance augmente avec la densité démographique et les pressions de l'environnement.

Les macaques rhésus appartiennent à la lignée autoritaire. L'étymologie de macaque vient du portugais *macaco* pour désigner les singes, un terme emprunté aux Bantous. Quant à *mulatta*, cela viendrait de « mulâtre » en espagnol. Mais alors pourquoi les appeler aussi « rhésus », d'après le nom d'un roi légendaire de Thrace qu'on retrouve dans *L'Iliade* d'Homère ?

Quoi qu'il en soit, c'est l'espèce la plus répandue dans la nature et les laboratoires. C'est chez lui que fut découvert le facteur rhésus du groupe sanguin. De fait, le *Macaca mulatta* se distingue par le tempérament le plus agressif et le plus sanguin. Le premier singe cloné est un rhésus, ce qui n'est pas forcément une bonne nouvelle pour la diversité et l'adaptation. Enfin, après l'homme et le chimpanzé, il a l'insigne honneur d'être la troisième espèce de singe dont le génome a été séquencé. Ce génome se montre identique à 93 % à ceux de l'homme et du chimpanzé, sachant qu'ils se ressemblent à plus de 99 % entre ces deux derniers. Que peuvent bien signifier quelques pourcentages de différence ? Difficile de répondre, mais de telles proximités génétiques et comportementales constituent une base scientifique et épistémologique solide pour tout ce qui est présenté dans ce chapitre.

On retrouve les différentes sous-espèces de *Macaca mulatta* depuis le Pakistan jusqu'en Chine, ce qui fait le seul singe avec une telle ère de répartition géographique après l'homme. Il se montre donc d'une grande souplesse écologique, pouvant vivre dans des environnements ouverts et plutôt arides comme dans des forêts denses et aussi dans les villes. Bien malin qui peut dire ce qu'est sa véritable dépendance à l'écologie. De telles espèces sont dites eurytopiques, capables de s'adapter rapidement aux circonstances environnementales du moment. Il semble que l'éclectisme écologique des macaques suscite des politiques versatiles, les populations indiennes manifestant des opinions diverses à propos de macaques sauvages, ceux qui pillent les champs et sévissent dans les espaces urbains.

Son régime alimentaire se compose essentiellement de fruits, d'herbes, de racines, de feuilles, d'écorces, de fleurs, de quelques champignons et parfois d'insectes. C'est du tout-venant, éclectique, sans bon goût et purement alimentaire. Cela lui permet aussi de se substanter dans les décharges urbaines et, pour les plus téméraires, de piller les offrandes faites aux divinités dans les temples. Les macaques possèdent des abajoues qui leur permettent de stocker de la nourriture et de les manger plus tard lorsqu'ils sont plus tranquilles. Donc un régime aussi peu appétissant que social.

Ils sont réputés pour être bruyants et actifs, plus les mâles que les femelles. Ils jouissent d'une sexualité active et d'un taux de reproduction important pour des singes. Ils copulent dans une position tout à fait banale pour des quadrupèdes – *ad canum* – mais avec une monte particulière puisque le mâle, pas assez grand, se hisse en posant ses pieds sur l'arrière des articulations du genou des femelles. Cette position oblige à régler l'affaire en moins de quinze secondes.

Les mâles dominants s'assurent l'accès à plusieurs femelles qui, quant à elles, s'arrangent pour avoir plusieurs partenaires. Cette absence de certitude de paternité favorise des mâles aux comportements tolérants envers les jeunes. Mais alors, comment s'assurer une plus grande descendance darwinienne avec cette promiscuité ? C'est la guerre du sperme. Les mâles ont un pénis dont l'anatomie à l'extrémité permet, par une sorte de ramonage, de se débarrasser de sperme déposé par un concurrent avant de déposer le sien. À cela s'ajoutent des spermatozoïdes tueurs qui attaquent ceux des autres intrus. Cette compétition spermatique se traduit par des mâles dotés de testicules de belle taille ; d'où leur culot. Les mâles dominants se montrent très amicaux et souvent affectifs avec les femelles avec lesquelles ils ont eu des relations et leurs jeunes. Les enfants jouissent le plus souvent d'une enfance placée sous la protection bienveillante et tolérante des adultes. Ainsi, ils s'assurent une descendance plus nombreuse et mieux protégée avec ces favorites. Comme le disait Darwin, la sélection sexuelle dépend de l'ardeur, du courage, de la rivalité des mâles, mais elle dépend tout autant du discernement, du goût et de la volonté des femmes.

Les rhésus, comme les autres macaques, vivent dans des groupes sociaux importants comptant d'une vingtaine à plus d'une centaine d'individus, avec plusieurs mâles et femelles adultes, ces dernières étant plus nombreuses et, évidemment, toujours accompagnées de leurs enfants. Parmi les grands groupes, on observe un noyau de dominants composés de quelques mâles et femelles. Ce sont les dirigeants. Ils indiquent les directions à prendre pour les déplacements, notamment pour trouver la nourriture et imposer les règles sociales.

Les femelles restent toute leur vie dans leur troupe natale et sur le même territoire, tandis que les mâles sont exogames. Il existe une hiérarchie très stricte entre les clans matrilinéaires : les jeunes qui naissent dans un groupe dominant sont dominants de fait sur tous ceux des clans dominés. Nous sommes en Inde et cela s'appelle un système de castes – ce qui s'observe parfois de façon expressive du genre « caste-toi ». Au sein de chaque clan, la plus jeune femelle, celle qui dépend encore de sa mère, reçoit un statut supérieur à celui de ses sœurs aînées. Cela n'a pas été observé entre les mâles, ces derniers n'étant pas du tout certain de leur paternité, car les femelles s'arrangent pour avoir plusieurs partenaires (on observe peu de conflits entre les mâles autour des femelles réceptives). Ce qui vaut pour les jeunes femelles vaut pour les jeunes mâles. Ils bénéficient aussi de ce privilège auprès de leur mère tant qu'ils ne sont pas sevrés. Mais si les femelles demeurent dans leur clan familial, c'est beaucoup moins évident pour les mâles qui, à l'approche de l'âge adulte, doivent quitter leur groupe natal et les leurs. Il arrive parfois que le jeune mâle conserve toute sa vie un comportement fébrile en quête de reconnaissance formelle et affective, notamment en présence de grands mâles dominants.

Il y a donc ce noyau de dominants autour duquel gravitent des groupes dont le rang de dominance décroît avec la distance, les plus éloignés étant les plus dominés. Chacun de ces groupes est dirigé par un mâle dominant qui veille à transmettre la volonté des dominants du clan central et ainsi de suite. Le macaque cultive un exercice du pouvoir qui part du centre vers la périphérie (centrifuge) et du haut vers le bas. Le mâle dominant recherche toujours des positions en hauteur, veillant à ce qu'aucune tête ne dépasse la sienne, ce qui, on en conviendra, n'est pas simple pour les autres mâles du groupe naturellement plus grands. Alors des têtes tombent régulièrement.

La hiérarchie entre les lignées de femelles et celle au sein de ces lignées sont stables, ce qui est une caractéristique générale chez toutes les espèces de singes. La règle inverse s'observe entre les mâles. Le fait que les mâles d'un groupe ne soient pas apparentés – pour cause d'exogamie – exige la capacité de fonder des alliances. Cela passe par l'épouillage, par des échanges de services et des soutiens en cas de conflits avec d'autres mâles et par moult menaces. Si un des mâles du noyau dominant vient à partir – ce qui se fait après quelques années de résidence –, alors une autre coalition se met en place.

Plusieurs stratégies s'offrent à un mâle pour s'introduire dans un groupe. S'il est jeune, il opte pour une approche mesurée et progressive, cherchant à se lier à des femelles et des mâles en bas de la hiérarchie, même si parfois il arrive qu'un jeune individu audacieux bouscule cette règle et n'hésite pas à évincer un vieux mâle trop sûr de son bon droit. Au fil du temps, le jeune tisse habituellement des relations d'échanges et de soutien, ce qui peut l'amener un jour à évincer le mâle ou un des mâles les plus dominants. Chez les rhésus comme chez d'autres singes, on voit alors l'ambitieux, qui respectait jusque-là les marques de soumission formelle envers les dominants, commencer à les ignorer, à feindre de ne pas avoir vu et, bientôt, multiplier les provocations jusqu'à la confrontation et, s'il a bien préparé son affaire, son ascension au sommet de la hiérarchie. Que devient le mâle évincé ? S'il est trop vieux, il se contente de rejoindre un groupe de mâles célibataires rôdant autour de groupes avec des femelles. S'il est encore en possession de ses moyens – notamment physiques – et riche de son expérience, il peut tenter de prendre directement la tête d'un autre groupe, aidé parfois par les autres mâles du « groupe de transition », plus jeunes et qui y trouvent aussi leur intérêt pour accéder à des femelles. Seulement, comme il n'est pas le seul dans son cas, il est rare que ces tentatives de retour soient couronnées de succès. Ces mâles qui ont bénéficié en leur temps de l'attrait de leur nouveauté oublient, au fil des années, qu'il en est toujours ainsi.

On le voit, la dominance se fonde moins sur la force physique que sur la capacité à établir des relations avec des alliés. Même si chez les rhésus, comme chez toutes les espèces de singes, les mâles sont plus corpulents en moyenne que les femelles, il arrive que le dimorphisme sexuel soit inversé entre les mâles et les femelles les plus dominantes, mais c'est rare. Les dominants se reconnaissent par leur démarche lente et assurée. Les autres s'écartent de leur chemin, sans manquer de faire une mimique avec les oreilles, sensiblement inclinées en arrière, et la bouche, entrouverte et montrant les dents – un sourire de soumission. Si le dominé omet ce comportement, le dominant devient agressif, le fixe du regard, incline les oreilles et prend un air menaçant.

Les rhésus possèdent une grande variété d'expressions faciales ou mimiques associées à une intense gestuelle du corps. En général, les plus dominants se contrôlent, évitant d'apparaître agités, ce qui est un signe de fébrilité. Mais l'agitation peut aussi être une tactique, ces agitations browniennes suscitant de l'incertitude chez les plus proches, ignorant ce qui peut leur tomber dessus à tout moment. Tôt ou tard, pourtant, le groupe, des plus dominants aux plus dominés, aspire à plus de stabilité.

Les macaques se retrouvent impliqués dans des histoires d'argent, de petites rapines et d'échanges maffieux avec les humains. Ils adorent harceler les touristes et leur chiper des lunettes de soleil – surtout les Ray-Ban, tout ce qui brille comme les montres (particulièrement les Rolex, même si peu de touristes de moins de 50 ans en ont), les appareils photo et les téléphones portables. Après leurs méfaits, ils attendent assis et négocient la restitution du larcin contre de la nourriture. Tout cela est parfaitement rodé et certains individus, comme un macaque noir récemment, peuvent s'amuser à se prendre en photo et à faire des selfies. (La querelle sur les droits de ces clichés a été une autre affaire, tout à fait humaine.)

L'expression « payer en monnaie de singe » provient de l'exonération du paiement de droit de passage sur le Pont-Neuf – le premier pont en pierre de Paris – des montreurs de singes. C'est d'autant plus amusant que l'hôtel de la Monnaie se trouve à l'une de ses extrémités, sur la rive gauche de la Seine. C'est un excellent exemple de ce que les Anglo-Saxons appellent le *Monkey business* ; un type d'affaire qui n'est pas recommandé chez les humains, mais qui marche bien chez les macaques. Toujours à Paris et sur la rive gauche, un peu plus en amont, se trouve le Palais de justice. Cependant, rien ne semble épuiser l'activisme du macaque, tant il s'agite pour maintenir son influence, avec une volonté d'autant plus farouche qu'on s'efforce de l'écarter. En Inde, où les femmes et les hommes finissent par perdre patience, on n'hésite pas à s'en remettre aux entelles pour éloigner les macaques. Mais ils reviennent obstinément et non sans rancune.

CHAPITRE 5

Le babouin des savanes ou la question des femelles

Voilà un genre avec lequel il ne faut pas trop plaisanter, car les babouins des savanes (*Papio papio*) peuvent vite devenir agressifs, leurs grandes canines sont là pour le rappeler. Comme pour les hamadryas, dont ils sont plus proches génétiquement que par le tempérament, leurs premières descriptions scientifiques s'avèrent aussi erronées qu'exagérées. En fait, le terme « babouin » ne se réfère aucunement à un nom vernaculaire d'une langue africaine, mais à une riche famille du XVIIIe siècle, les Babion, qui prêta de l'argent au célèbre Georges Buffon. Le grand naturaliste tardant à rembourser, les Babion envoyèrent les huissiers, ce qui le fâcha. Il se vengea en donnant le nom de « babouin » à ces singes impressionnants des savanes africaines avec une description péjorative inspirée de ces récriminations humaines. Nous avons donc une étymologie Babion-babouin-*Papio* qui évolue de l'homme vers le singe, ce qui est plutôt inhabituel.

Dans cette vilaine affaire avec les Babion, Buffon s'en sortit en les payant en monnaie de singe, garda le magot, et arrangea leur nom de famille humaine pour en faire un nom de genre simiesque. Tirée de son *Histoire naturelle*, la description qui suit est éloquente : « Dans l'homme, la physionomie trompe, et la figure du corps ne décide pas de la forme de l'âme ; mais dans les animaux, on peut juger du naturel par la mine, et de tout l'intérieur par ce qui paroît au dehors : par exemple, en jetant les yeux sur nos singes et nos Babouins, il est aisé de voir que ceux-ci doivent être plus sauvages, plus méchants que les autres [...] ; les babouins [...] ont l'air de bêtes féroces, et le sont en effet [...]. [Le babouin] est insolemment lubrique, et affecte de se montrer dans cet état, de se toucher, de se satisfaire seul aux yeux de tout le monde [...] ; la nature paroît [l']avoir particulièrement [voué] à cette espèce d'impudence ; car dans tous les autres animaux, et même dans l'homme, elle a voilé ses parties : dans le babouin au contraire, elles sont tout-à-fait nues, et d'autant plus évidentes que le corps est couvert de longs poils ; il a même les fesses nues et d'un rouge couleur de sang, les bourses pendantes, l'anus découvert, la queue toujours relevée. Il semble faire parade de toutes ses nudités, présentant son derrière plus souvent que sa tête, surtout dès qu'il aperçoit des femmes, pour lesquelles il déploie une telle effronterie qu'elle ne peut naître que du désir le plus immodéré. » Lu sous l'œil pudibond de la bourgeoisie lyonnaise, le trait a dû être apprécié.

Le terme « babion » n'a pas été inventé par l'esprit fertile de Buffon. En vieux français, il fait référence aux lèvres et le plus souvent à leur usage comique ou ridicule. Son étymologie se retrouve dans babillages, babioles et autres. Notre grand naturaliste s'est joué de l'étymologie et du nom de famille de ces créanciers. Cette référence aux lèvres se retrouve dans *L'Expression des émotions chez l'homme et les animaux* de Charles

Darwin (1872). Il rapporte diverses observations décrivant des babouins de différentes espèces qui, en situation stressée, produisent des bayements, évitant de regarder leurs congénères dans les yeux ; si la tension monte, ils retroussent les lèvres pour dévoiler des canines très impressionnantes. Si la menace monte d'un cran, alors ils fixent du regard, inclinent les oreilles et froncent la peau de leur front barré d'un puissant relief osseux au-dessus des orbites. Une joute de plus en plus verbale commence, d'autant que l'on sait depuis très récemment que les babouins produisent des voyelles dans la diversité de leurs expressions vocales. Les babouins se présentent donc comme de remarquables communicants, alliant la puissance des expressions de la face et des lèvres à la pertinence des vocalises.

Dans ce genre de circonstances, on a l'impression qu'ils sont des singes en colère. Pourtant, ils ne sont pas à l'image qu'en donne Buffon ou même Darwin qui, certainement empêtré dans ses affres métaphysiques, écrit dans ses *Carnets* : « Ainsi, ce sont bien nos ancêtres qui sont à l'origine de nos mauvaises passions ! Le diable sous l'apparence du babouin est notre grand-père. » Il y a donc une injustice anthropique envers les babouins qui détestent l'injustice sociale. Qu'on en juge.

L'ethnie des Namaquas d'Afrique du Sud entretient des collaborations séculaires avec les babouins chacma ou ours de cette région. Ce sont de redoutables gardiens et d'excellents bergers. Ils gardent les chèvres, connaissent leurs relations sociales, les épouillent et veillent à ce que les petits ne s'éloignent pas de leur mère. Mieux encore, un chacma nommé Jack assura l'aiguillage des trains depuis un poste de commande tenu par son compagnon humain qui, invalide à la suite de la perte de ses deux jambes, s'était assuré la collaboration de son ami babouin (qui lui permit de garder son emploi). En dix ans d'activité, il ne commit jamais une seule faute (ni revendication ni grève). On trouve aussi de nombreux exemples rapportés par Victor Meunier dans *Les Singes domestiques*, auteur déjà cité qui avait pour projet de faire travailler des singes à la place des hommes. On voit combien règne la confusion entre ce que sont les babouins et tout ce que les affaires humaines leur mettent sur le dos, à bon et surtout à mauvais escient.

Pour revenir à Buffon, il eut de grandes difficultés financières avec ses forges de Montbard, en Bourgogne. Son gérant développa une gestion déplorable et partit avec la caisse. Quant à Buffon, on peut dire qu'il usa d'abus de biens sociaux au travers des contrats publics attribuant la fabrication des grilles du Jardin du Roy dont il était propriétaire à son entreprise de forge de Montbard. C'est là-dessus que se greffent les Babion de Lyon. On ignore ce que pensent nos babouins de tout cela, mais on comprendrait leur colère avec ces travailleurs non rémunérés et sans protection sociale. Sans oublier la concurrence déloyale, des délits d'initiés, des contrats de préférences et des gérants voyous qui filent avec la caisse. Ils seraient tout à fait habilités à nous traiter de bouffons. En référence à Buffon, comme il se doit.

Combien d'espèces de babouins ? Pour certains, il n'y a qu'une seule super-espèce avec des variantes géographiques – conception dite PC pour *Papio central* – ; pour d'autres, il y a une dizaine d'espèces – conception dite PS pour *Papio satellites*. Toutefois, cette dernière reste très contestée et contestable en raison de divers processus de spéciation au cours de l'histoire évolutive du genre *Papio*. Les éthologues observent des populations hybrides entre ces espèces, ce qui, par définition, n'en fait pas de vraies espèces, ce que détestent les taxonomistes orthodoxes.

La notion d'espèce est la plus difficile à cerner dans les sciences de l'évolution. Une espèce biologique rassemble, par définition, des populations qui peuvent se reproduire entre elles ; c'est le critère d'interfécondité. Va pour la définition, mais les individus de ces populations copulent comme ils l'entendent. Les barrières de reproduction entre espèces peuvent être précopulatoires ou postcopulatoires. Pour les premières, citons l'absence de toute attirance sexuelle envers les autres (on les éduque pour cela) ; l'attirance qui échoue car les codes de séduction finissent par ne plus être compris (de mêmes expressions faciales peuvent prendre des significations très différentes) ; l'incompatibilité des organes sexuels pour la copulation ; et s'il y a copulation aboutie, l'incompatibilité chromosomique qui étouffe l'hybridation dans l'œuf. Les secondes barrières sont plus coûteuses : fœtus qui se développe mal avec avortement spontané ; hybrides viables à faible espérance de vie ; hybrides stériles ou, quand ils deviennent sexuellement matures, présentant des parades de séduction rejetées par les membres des deux espèces (l'ostracisme est certainement un des processus les plus efficaces de la spéciation dans ce genre d'espèces). Cependant certains hybrides issus de ces mélanges entre papions réussissent. On les appelle des « mélanpions », contraction de « mélange » et « papion ».

Les premières études d'éthologie sur le terrain ont débuté dans les années 1950 avec les babouins des savanes. À cette époque, on pense que les origines de la lignée humaine sont à relier au passage de la forêt à la savane, avec un forfait complet comprenant bipédie, gros cerveau, chasse, outil, vie sociale, domination masculine, etc. Or les babouins habitent en marge des forêts et des savanes, vivent dans des groupes sociaux structurés et chassent, activité à laquelle on associe leurs grandes canines. (On sait aujourd'hui que les grandes canines chez les singes servent dans la compétition sexuelle et à l'ambition sociale.) Leur modèle offre ainsi une analogie adaptative pour reconstituer nos origines : redressement du corps d'un coup de reins audacieux pour scruter les dangers alentour, puis invention des armes-outils à la place des canines et régulation stricte des relations sociales sous la férule de mâles puissants et protecteurs. Cette vision de nos origines se trouve magnifiquement évoquée dans le long chapitre d'introduction du chef-d'œuvre de Stanley Kubrick *2001 : l'Odyssée de l'Espace*. Tout y est, dont la libération de l'homme par l'outil et le travail, avec l'anthropoïde qui jette un bâton en l'air lequel, en tournoyant, se transforme en vaisseau spatial. C'est ainsi que débuta une volonté de conquête l'espace dans les savanes africaines.

Le modèle social des babouins organisés autour des mâles dominants et protecteurs colle parfaitement aux systèmes sociaux des années 1950-1960. D'un côté, des hommes qui partent au travail tous les matins dans leur belle voiture et qui reviennent le soir, fiers du travail accompli, s'assoient devant la télévision et y regardent les affaires du monde en attendant le repas (et que les enfants soient couchés). De l'autre côté, des femmes épanouies dans leurs foyers grâce au progrès des arts managers et des mères dévouées. Un modèle naturel, ancestral qui a fait ses preuves depuis les savanes d'Afrique jusqu'aux pavillons de banlieue entourés de leurs pelouses proprettes. Les mouvements de libération des femmes du paradis ménager s'intensifient dans les années 1960. Quelques-unes arrivent en Afrique pour étudier les comportements sociaux des singes. Comme elles n'ont pas de diplômes – l'éthologie reste plus du domaine de la recherche que de l'enseignement – et encore moins de postes universitaires, elles ont tout leur temps, et beaucoup de liberté puisqu'elles sont à peine financées. Alors elles observent les mâles, faciles à reconnaître, et qui font tout pour être vus, et s'intéressent aux femelles. Et là, surprise : elles découvrent que les systèmes sociaux des babouins s'organisent autour de femelles apparentées, qui ne quittent jamais leur troupe natale ni leur territoire (phylopatriques), tandis que les mâles migrent à l'adolescence pour se reproduire (exogamie).

Plus encore, les femelles développent des stratégies redoutables pour éviter l'agressivité des mâles et assurer la protection de leurs petits. Un jeune mâle adulte qui tente d'entrer dans un groupe doit gérer deux problèmes : séduire des femelles et éviter l'agressivité des grands mâles résidents. Les femelles font tout pour éviter l'arrivée de mâles agressifs et adoptent des comportements très sélectifs. Le prétendant s'arrange pour qu'elles s'accoutument à sa présence. Au fil des semaines, une ou deux femelles tolèrent sa proximité. L'impétrant fait des offrandes, comme de la viande, tente l'épouillage et s'occupe même des jeunes (dont il n'est évidemment pas le géniteur). S'il est patient et habile, il s'en fait des amies avec lesquelles, si tout se passe bien, il aura des relations plus intimes lorsqu'elles seront à nouveau fécondables. Elles peuvent aussi être des soutiens précieux en cas de conflits avec les grands mâles, en tout cas si elles appartiennent à un clan matriarcal puissant.

Une autre stratégie des femelles pour éviter la tyrannie des mâles consiste à avoir plusieurs partenaires sexuels. Même si les dominants se montrent vigilants, le contrôle de l'exclusivité sexuelle est impossible, notamment parce que plusieurs femelles manifestent leurs périodes de fécondations simultanément. On n'a jamais trouvé de meilleure solution, du point de vue des femelles, pour avoir des mâles tolérants avec elles et leurs petits. Le paradis pour les femelles est de vivre dans des groupes multifemelles/multimâles avec des mâles tolérants. Ce qui déplaît profondément aux sociétés machistes et patriarcales.

L'éthologue Shirley Strum décrit avec pertinence ce changement de regard sur les sociétés de babouins alors que s'affirment les années rock & roll. Elle raconte cette scène entre babouins consentants et conscients. Un jour, le mâle alpha attrape une antilope – les babouins sont d'excellents chasseurs. Il commence à la dévorer quand arrive la femelle dominante, sa bonne amie. Celle-ci l'épouille et on a envie d'être à la place de ce beau mâle, allongé sous le soleil de la savane, épouillé par sa meilleure amie et tenant une délicieuse antilope. Il se relaxe, baisse sa vigilance et, d'un coup, la femelle lui chipe sa proie et se sauve. Beau joueur, le mâle laisse faire. Quelque temps plus tard, la même scène se reproduit. Cette fois, il ne lâche pas la proie. La femelle est coincée, car obligée de poursuivre un rituel de l'épouillage très codifié et garant de leurs bonnes relations. Elle fait le minimum syndical, puis s'en va. Certainement aussi déçue qu'en colère, elle se dirige vers sa sœur, la deuxième dans l'ordre hiérarchique. Elle l'agresse, au risque de provoquer un trouble social. L'affaire est d'importance. Un mâle alpha, par sa position, se doit de réguler les tensions au sein du groupe. Le voilà donc qui abandonne sa proie, prend sa plus belle allure et vient soutenir la femelle bêta. En chemin, il croise la femelle alpha qui va se saisir de l'antilope…

Les relations entre les mâles sont plus simples, mais non sans violence tant que la hiérarchie n'est pas stabilisée et d'autant qu'ils ne sont pas apparentés (ou très rarement). La force, la ruse et surtout la capacité à se faire des alliances interviennent. Un mâle dominant de sa superbe ne peut pas résister contre deux mâles coalisés. Ce qui nous amène à des comportements sociaux aussi subtils que peu connus : le *Biological Market*

– ou comment des individus d'une même espèce ou d'espèces différentes établissent des relations d'échanges et de confiance. Prenons deux exemples observés chez les babouins. Il arrive ainsi que deux mâles se liguent pour écarter un mâle plus puissant. Après cela, on s'aperçoit que seul un des deux compères a accès – si elle le veut bien – à une femelle. (On suppose que, par la suite, l'autre lui rendra sa pareille.) Mais c'est entre les femelles que les négociations sont les plus abouties. En effet, elles adorent les petits, surtout les plus jeunes. Et elles font tout pour avoir le plaisir d'en tenir un dans leurs bras. Seulement il faut négocier avec la mère. Si la demandeuse est une apparentée, le temps d'épouillage est nettement plus bref que si c'est une amie. L'autre paramètre est l'abondance ou la rareté du marché, autrement dit le nombre de petits dans le groupe. Moins il y a d'enfants, plus le temps d'épouillage augmente, et ce quel que soit le degré de parenté ou d'affinité. De l'art de la négociation chez les babouins.

Le genre *Papio* a entamé une grande extension sur l'Afrique au cours des cinq derniers millions d'années. En fait, ce sont eux qui ont fini par prendre la place des australopithèques dans les habitats en marge des forêts et des savanes. C'est la lutte des espèces ; Darwin considère que la compétition la plus intense opère entre les individus de la même espèce, alors que Russel Wallace, co-inventeur de la sélection naturelle et grand militant socialiste, la place entre les populations ou les espèces. Ce faisant, les babouins poussent une autre lignée vers des espaces plus ouverts : le genre *Homo ;* autrement dit l'homme ou, plus exactement, les premiers hommes. L'évolution complexe entre les espèces d'une même communauté écologique s'appelle la coévolution. Évidemment, les babouins étaient loin d'imaginer le retour de bâton qu'ils allaient subir depuis Buffon et ses déboires avec les Babion.

De nos jours, les « espèces » de babouins s'étendent selon un grand arc géographique depuis le Sénégal à l'ouest à l'Afrique du Sud en passant par l'Afrique de l'Est. Se succèdent dans cet ordre : le *Papio papio* d'Afrique de l'Ouest dit babouin de Guinée ; le *Papio anubis* ou babouin olive d'Afrique de l'Est ; le *Papio cynocephalus* ou à tête de chien, dit aussi babouin jaune au sud du précédent ; le *Papio ursinus* appelé chacma ou babouin ours d'Afrique australe. Comme évoqué précédemment, il y a interfécondité entre ces espèces avec des populations hybrides parfois importantes. Plus étonnant encore, on a observé des hybrides entre des genres différents, par exemple entre l'hamadryas et le *Papio anubis*. Passe qu'il y est des hybrides entre espèces, mais entre genres ! Il semble que ces questions de transgenre soient admises sans difficulté chez les babouins, ce qui n'est pas le cas chez les macaques.

Quel avenir pour les babouins dans cette lutte entre les espèces et l'exploitation croissante du babouin par l'homme ? Actuellement, l'expansion des populations humaines menace leurs territoires. S'ils ne comptent pas parmi les singes les plus menacés, ils subissent une pression de plus en plus forte. Dans cette lutte entre le genre *Homo* et le genre *Papio*, on peut espérer que les instances internationales du genre humain sauveront les babouins. Pour cela, il y a un recours : les placer sur la liste rouge des espèces menacées de l'UICN, l'Union internationale pour la conservation de la nature.

Les babouins se sont retrouvés mobilisés, bien malgré eux, dans les affaires humaines à propos du travail, de l'argent, du commerce, de la négociation, des relations de séduction et de pouvoir entre les sexes. On serait bien avisé de les préserver tant leur histoire naturelle et sociale interfère avec celle de notre lignée humaine, car ce ne sont pas des bouffons ! Ce sont les babouins qui ont supplanté nos ancêtres australopithèques en marge des forêts et des savanes africaines il y a environ deux millions d'années. Une lutte des espèces redoutable pour le contrôle des moyens de production dans la nature. Mais Buffon n'avait pas complètement tort : sous prétexte de sauver le genre humain, le redoutable papion persiste en effet à jouer de ses avantages d'une façon très personnelle.

CHAPITRE 6

Le cercopithèque ou la question du non-engagement

Ce sont les plus petits des singes de l'Ancien Monde, avec des faces courtes et de longues queues, répartis dans presque toutes les forêts d'Afrique subsaharienne. Leur taille corporelle varie de quelques kilogrammes à une dizaine de kilogrammes avec une faible différence entre les femelles et les mâles (dimorphisme sexuel réduit). Il n'y a qu'eux qui peuvent se reconnaître entre eux dans le fouillis de la canopée. On les entend, ils vocalisent beaucoup, ils manifestent de diverses façons leurs états émotionnels, descendent rarement des arbres – donc ne se manifestent au sol que le temps de brèves incursions, parfois violentes – et y remontent très vite, semblant peu désireux de s'imposer hors de leurs niches écologiques : tel est le groupe des cercopithèques ou genre *Cercopithecus*.

Les Anglo-Saxons les appellent « guenons », un terme d'origine française qui, plutôt que de désigner un groupe d'espèces, a pris une connotation sexuelle pour nommer les femelles et, plus particulièrement, les chimpanzés femelles. C'est aussi un terme très péjoratif dans la langue de Molière, souvent pour désigner des femmes laides ou particulièrement désagréables. Une fois de plus, dénonçons cet usage fallacieux d'une méconnaissance crasse de ce que sont les singes et les cercopithèques en particulier, certainement le groupe qui présente la plus belle diversité de pelages et de couleurs sur le corps et la tête avec des toupets, des moustaches, des barbichettes et autres favoris autour de la face. Les mâles et les femelles ont plutôt des allures attrayantes, notamment les femelles qui n'ont rien de guenons au sens aussi erroné que dégradant. Les questions de genre sont très sensibles chez les cercopithèques, surtout en ce qui concerne les femelles.

Les cercopithèques composent un groupe à la fois uniforme par la taille corporelle et les mœurs, mais avec un éventail de diversités jouant autour de différences subtiles sur les combinaisons colorées des différentes parties du pelage et dans l'exploitation de ressources en fruits et en insectes aux différents niveaux de la canopée. Ils sont phylogénétiquement proches, ce qui veut dire issus de quelques ancêtres communs récents, et se classent près des babouins, des vervets et des patas, ce qui n'augure rien de la qualité de leurs relations, loin s'en faut. Les spécialistes décrivent plus d'une vingtaine d'espèces dans toutes les forêts d'Afrique subsaharienne.

Quadrupèdes agiles et bons sauteurs, ils s'aventurent rarement au pied des arbres, préférant se maintenir au-dessus des contingences et cultiver leurs petites particularités. Il leur arrive de faire des razzias dans les champs cultivés, ce qui ne plaît guère aux agriculteurs. Ces groupes de petits singes cumulent les expériences les plus dramatiques avec tout ce qui touche à la terre et aux paysans, mais peut-on leur demander de comprendre le dur travail de la terre ? Ayant évolué dans le monde des petits bourgeons de la canopée, les cercopithèques se caractérisent par un comportement qui consiste à se nourrir des fruits de la nature et de l'agriculture, s'efforçant de se saisir des moyens de production sauvages et agricoles qu'ils se montrent bien incapables de comprendre et encore moins de mettre en œuvre. Bref, leurs relations avec le genre humain sont tout sauf simples. On ne leur a évidemment pas demandé de sauver le genre humain et, en réalité, c'est au genre humain de préserver les cercopithèques et de leur faire une place sur la liste rouge de l'UICN.

Difficile d'éviter l'exercice fastidieux de la systématique des cercopithèques si on désire les comprendre un peu dans leur unité tissée de divergences picrocholines. Il faut des années d'observations et d'études aux meilleurs spécialistes pour en dégager quelques contours. Telle est la condition ingrate de l'observateur extérieur alors que, et c'est frustrant, ils se reconnaissent si bien entre eux. Les jeux subtils des associations temporaires entre groupes d'espèces, les exclusions et autres ostracismes viennent encore renforcer le découragement des éthologues les plus zélés.

Les noms donnés aux espèces jouent sur les couleurs des parties du corps. Ils s'inspirent parfois de personnages de la mythologie ancienne ou du nom de leurs découvreurs. On touche là à une particularité de ce genre : chaque auteur tient en effet à son espèce, ce qui ne souffre aucune dialectique, même si les discussions sont sans fin et négligent la finalité de telles arguties taxonomiques.

Il y a ainsi le *Cercopithecus ascanius* ou ascagne à queue rouge et qui aime la castagne, d'après un personnage de la mythologie grecque dont on ignore tout de l'appendice caudal ; le *C. campbelli* ou cercopithèque des palétuviers, appelé aussi mone, ce qui ne se réfère en rien aux mœurs parfois monastiques, au sens de « moine soldat », d'autres groupes de cercopithèques comme le *C. mona* ; le *C. cephus* ou moustac dont on note le goût pour les favoris, tout comme le *C. lhoesti* ou de l'Hoest dit à barbe en collier. Il y a aussi le *C. diana* qui se réfère à quelque grande femelle célèbre ; le *C. dryas* qui correspond à un personnage mythique mais aussi à une période glaciaire récente liée aux révolutions climatiques du globe ou glasnost ; le *C. erythrogaster* à ventre rouge dont les vocalises et les borborygmes intéressent le *C. erythrotis* à oreilles rouges ; le *C. erythrotis* ou hocheur à nez rouge ; le *C. wolfi* ou de Wolf tant il est vrai que le cercopithèque peut être un loup pour les autres cercopithèques ; le *C. hamlyni* à tête de hibou, à ne surtout pas confondre avec une tête de hulot ; le *C. nictitans* appelé aussi hocheur ou pain à cacheter, proche d'un autre hocheur, le *C. petaurista* dit blanc-nez, car il semble qu'il prenne facilement des groupes plus colorés dans le pif, la tolérance n'étant pas le caractère le plus saillant de ce genre ; le *C. albogularis* de Syke à gorge blanche et jaune ; le *C. solatus* à queue de soleil dorée ; le *C. mitis* ou bleu, parfois appelé cercopithèque diadème, qui n'a rien à voir avec le cercopithèque de Preuss ou *C. preussi*, mais qui s'hybride parfois avec l'ascagne à queue rouge. Cette dernière remarque permet de souligner que les mâles cercopithèques affichent des belles couleurs au niveau des organes sexuels avec des testicules bleus, une verge blanche et un gland rouge. On se plaît à les appeler les « singes du 14 Juillet » en raison de ce caractère cocardier. Terminons par l'un des plus beaux et des plus connus, le *C. neglectus* ou singe de Brazza, nommé ainsi d'après le grand explorateur. Il possède une magnifique toison noire avec de longs poils blancs sur les flancs qui se prolongent par une superbe queue en panache. En vue de face, il présente une tête très expressive avec une barbichette à la Léon Trotski.

Alors que le groupe est très diversifié comme on vient de le voir, on ne connaît que de rares fossiles très fragmentaires. Ce côté clandestin de leur évolution intrigue les primatologues. Ce problème de manque de fossiles est au cœur de la théorie des équilibres ponctués qui admet que l'absence de données constitue une information sur un processus d'évolution rapide. Pour la primatologie, on se réfère à l'acronyme SFIC pour Sans fossile identifié de cercopithèque. (Il en a d'autres comme *Lost Cercopithecus Research* ; *Unit Cercopithecus Indeterminata* ; *Old Cercopithecus Identity* ; *Trend in Cercopithecus Information* ; *Last Occurrence* ; Sans fossile identifié à l'ouest...) C'est très compliqué pour les primatologues de dégager les tendances évolutives d'un groupe si varié avec des origines aussi imprécises et emmêlées, cause de beaucoup d'embrouilles systématiques ; un groupe en quelque sorte antisystématique.

Trois types de singes ont été exclus du genre *Cercopithecus* au cours du XXe siècle, les singes verts ou *Chlorocebus*, les patas ou singes rouges (*Erythrocebus patas*) et les singes noirs ou *Allenopithecus nigroviridis*, dits aussi « singes des marais », mettant un peu d'ordre avec l'anarchie taxonomique. Ces révisions de la taxonomie, qui sont nécessaires, ne vont pas sans soulever des querelles révisionnistes récurrentes. Cette question de couleur entre singes verts, rouges et noirs semble avoir une grande importance. La manie d'exclure sur le moindre caractère divergeant allié à la tendance actuelle de la systématique dite cladistique, dont la méthode consiste à identifier les lignées ou clades séparés sur la base de caractères évolués partagés, conduit à une inflation de taxons qui, le plus souvent, sont dénués de toute réalité écologique et adaptative. Ce côté antisystématique ne facilite pas la connaissance de ce genre.

Qui sont ces exclus du groupe des cercopithèques ? On a déjà évoqué les vervets (*Cercocebus*), répartis sur une longue bande géographique qui s'étend du nord au sud de l'Éthiopie à l'Afrique australe. Les singes rouges ou patas prennent la perpendiculaire géographique des précédents avec une aire étalée d'ouest en est entre le Sénégal et l'Éthiopie. La complémentarité des aires de répartition respectives des singes verts et des singes rouges marque certainement une tendance à l'exclusion écologique entre ces espèces adaptées à vivre dans des environnements de savanes plus ou moins ouvertes, les premiers étant plus à l'aise dans les relations écologiques nord/sud, les autres dans une orientation est/ouest. Les patas sont aussi appelés singes hussards ou huissiers par les auteurs anglo-saxons, ce qui suscite un rejet viscéral chez les auteurs français qui trouvent ces termes inappropriés pour des singes rouges.

Les patas possèdent de longs membres et sont les plus rapides de tous les singes. Ils peuvent détaler à plus de 50 km/h avec des pointes à 80 km selon le type de prédateurs qui les poursuit. Passons sur le singe noir des marais (*Allenopithecus*) qui a en fait une robe noir et vert sombre. On connaît mal sa vie sociale et ses mœurs en raison de la difficulté d'accéder à son environnement isolé. Enfin un autre non mentionné jusque-là, le talapoin ou *Miopithecus*, également proche des cercopithèques, qui est le plus petit des singes de l'Ancien Monde. Sa morphologie et ses comportements sont dits néoténiques. Ce terme aussi technique que galvaudé signifie qu'une espèce conserve à l'état adulte les caractères juvéniles de ses ancêtres. Il est vrai qu'il est très mignon et très doux. Quant à nos cercopithèques, ils conservent des comportements manifestement juvéniles et agités du temps de leur jeunesse qui se prolonge à l'âge adulte, même s'il y a toujours des variations.

On l'a vu, le régime alimentaire des cercopithèques se compose de fruits, de graines, d'insectes, de fleurs et parfois d'œufs. Ils ont des abajoues, ce qui leur donne de « bonnes bouilles » comme on dit dans les classes populaires, ces dernières étant toujours surprises d'entendre les cris que poussent les cercopithèques en leur nom alors même qu'ils se complaisent dans la canopée sans prendre le risque de descendre au sol. Le dimorphisme sexuel reste modéré, ce qui reflète des jeux de domination complexes entre les membres des deux sexes et du même sexe. Les mâles paraissent antagonistes, mais sans que ce soit corrélé avec leur succès reproducteur. Des populations d'une même espèce, comme pour le cercopithèque de Brazza, se montrent polygynes dans quelques populations – un mâle s'assurant l'exclusivité sexuelle de plusieurs femelles – et monogames dans d'autres. Les stratégies de reproduction varient selon des critères et des facteurs qui ne sont pas encore bien compris d'une espèce et même d'un groupe à l'autre. C'est certainement le groupe dans lequel les notions de « familles » sont les plus variées et inconstantes. Chez certaines espèces, le mâle résidant jalousement avec plusieurs femelles peut partir pour se reproduire dans un autre groupe, tandis que des mâles coalisés rendront visite à « ses » femelles. Certaines populations se distinguent par une libido débridée, tandis que d'autres se montrent plus monacaux (pour une partie des individus).

Les cercopithèques vivent dans des petits groupes de quelques dizaines d'individus, le plus souvent dirigés par un mâle dominant, bien que les femelles participent activement à la défense du territoire – fait rare chez les singes. Ils se déplacent toujours ensemble, parfois associés à un groupe de cercopithèques d'une autre espèce. Ce genre d'alliance objective et de circonstances varie selon les groupes en présence et les motivations, comme l'accès à certaines ressources. On a aussi observé que des cercopithèques d'une espèce mobilisent des colobes – des singes mangeurs de feuilles d'un autre genre et plus corpulents – pour repousser une troupe menaçante de la même espèce. On comprendra que de telles associations ne sont possibles que s'il n'y a pas de concurrence pour les mêmes ressources. C'est un exemple de communautés écologiques opportunistes, mais pas de collectivisme.

Ces singes communiquent beaucoup et de façons expressives par des mimiques et des sons. Lors des interactions agressives entre groupes, ils poussent des cris puissants, la bouche largement ouverte. Ces cris, malgré la diversité des cercopithèques, paraissent assez stéréotypés, en tout cas pour des éthologues étrangers à de telles subtilités de langages.

De par leur diversité et leur large répartition géographique, la survie de ces espèces est plus ou moins menacée, ce qui dépend évidemment des conditions objectives de production et d'exploitation locales. Bien que les cercopithèques puissent, semble-t-il, se domestiquer assez facilement, cela n'a rien d'évident et l'expérience montre qu'il faut prendre garde à leur tempérament libertaire et révolté. Leurs traits éthologiques particuliers font que ces petits singes s'entendent contre tout. Tous contre un en quelque sorte, mais jamais tous pour un.

CHAPITRE 7

Le hurleur brun ou la question des migrations

Les singes hurleurs du genre *Alouatta* se répartissent du Mexique jusqu'au nord de l'Argentine. Ils vivent dans une grande variété d'habitats puisqu'on les trouve aussi bien dans les forêts tropicales denses que dans les savanes arborées ou les forêts sèches, tantôt au niveau de la mer, tantôt à 3 000 mètres d'altitude. Bref, ils sont partout !

Comparés aux singes ou anthropoïdes en général, ils conservent de nombreux caractères archaïques, comme un crâne d'assez petite taille, ce qui vaut pour leur cerveau. La forme de la boîte crânienne des hurleurs est dolichocéphale, autrement dit allongée, un caractère très prisé par l'anthropologie aryenne dans la première moitié du XXe siècle. Chez les hurleurs, la dolichocéphalie est due à une sorte de réaction anatomique en chaîne. L'os hyoïde, celui qui soutient les cordes vocales et qui est visible chez les hommes sous le nom de pomme d'Adam, est absolument énorme. Chez l'homme comme la plupart des espèces, il a une forme en arc. Chez le hurleur, il ressemble à un cœur enfermant un gros volume qui amplifie les sons. La caisse de résonance ainsi créée fait des hurleurs les singes les plus bruyants de tous. En raison de sa position au niveau du larynx, la mandibule est haute et profonde, ce qui donne une face carénée. Le volume de cet énorme hyoïde et sa position au niveau du larynx provoquent un allongement de la base du crâne qui, à son tour, entraîne l'allongement de la boîte crânienne.

Cette histoire de dolichocéphalie reste un vilain serpent de mer dans le champ de l'anthropologie. Franz Boas, un des grands fondateurs de l'anthropologie américaine, est né dans une famille de juifs ashkénazes en Westphalie, dans le royaume de Prusse, en 1858. Après des études dans les grandes universités allemandes, il migre aux États-Unis. Ses travaux de terrain et d'observation le font passer de la géographie à l'anthropologie. Il est l'un des premiers anthropologues à récuser l'évolutionnisme culturel qui classe les sociétés humaines dans une série hiérarchique avec les Noirs et les sauvages à la base et les populations européennes au sommet avec les Aryens. C'est là qu'on retrouve la dolichocéphalie avec ces crânes aussi étroits que les mauvaises idées qu'on veut bien mettre dedans. Boas démontre par ses travaux que les caractères crâniens, parmi d'autres, changent rapidement chez tous les descendants des populations d'immigrés arrivées en Amérique du Nord, quelles que soient leurs origines, d'Europe ou d'ailleurs. Il se range parmi les pionniers des études sur le terrain pour connaître les autres peuples plutôt que de se contenter de répéter ce qui s'écrit et se réécrit au fil des livres, jamais vérifié et surtout miné par les *a priori* iniques de l'évolutionnisme culturel.

Les hurleurs ont de lointaines origines africaines comme tous les singes d'Amérique du Sud, ce qui vaut par ailleurs pour tous les singes, dont les hommes. Leurs ancêtres fossiles respectifs se trouvent dans le fabuleux gisement du Fayoum, en Égypte. On y recense des singes fossiles avec 36 dents – comme chez les platyrhiniens ou singes actuels du Nouveau Monde – et d'autres à 32 dents – comme chez les catarhiniens ou singes actuels de l'Ancien Monde. Alors, que s'est-il passé ? Comment sont-ils passés d'Afrique en Amérique du Sud ?

Avant 30 millions d'années, il n'existe aucune trace de fossile de primates et encore moins de singes en Amérique du Sud. Ce sous-continent est une super île qui dérive vers le nord depuis sa séparation avec le continent antarctique et qui héberge une riche faune de mammifères endémiques, dont des marsupiaux. (Il y avait une grande diversité de primates fossiles en Amérique du Nord, mais aucun passage possible puisqu'il n'existait pas de séparation entre les océans Atlantique et Pacifique avant l'émersion de l'isthme de Panama entre 5 et 3 millions d'années.) La seule façon de passer est donc en radeau. Les ancêtres des platyrhiniens traversèrent l'Atlantique Sud bien malgré eux, embarqués sur des radeaux formés par des portions de fausses berges faites d'entrelacs de végétaux aux embouchures des grands fleuves africains. Comme tous les migrants, ils ne sont pas partis de leur plein gré, surtout sur de telles embarcations de fortunes – on observe couramment de tels radeaux à la dérive avec leurs infortunés passagers. Il y a plus de 30 millions d'années, les ancêtres des singes et des rongeurs actuels d'Amérique du Sud étaient du voyage. La systématique des singes, des rongeurs et aussi de leurs parasites respectifs d'Amérique du Sud les rapproche sans ambiguïté des formes africaines et non de celles d'Europe ou d'Amérique du Nord. (Les parasites sont des voyageurs clandestins qui profitent de leurs hôtes ; parole de hurleur !) Voilà une migration réussie s'il en est puisqu'on dénombre une soixantaine d'espèces vivantes de platyrhiniens. Il est plaisant de souligner que les plus petits des singes comme les plus grands des rongeurs actuels proviennent de cette migration.

Cette belle histoire de radeau ne reçoit pas l'adhésion de tous les chercheurs. Une voie possible passerait par les Açores. On trouve un fossile de *Paralouatta* à Cuba proche des hurleurs. Une autre possibilité passerait par le sud de l'Afrique, la partie occidentale de l'Antarctique et l'Amérique du Sud au cours d'une période de réchauffement. Il faut savoir qu'avant la formation de la calotte polaire antarctique, des forêts s'étendaient d'un cercle arctique à l'autre. Pour l'heure, aucun fossile n'étaie cette hypothèse, car on n'y a pensé que très récemment. Rappelons aussi qu'aucune de ces hypothèses n'est exclusive.

Le genre *Alouatta* appartient au groupe des singes à longue queue préhensible, les atélinés. Cet appendice compense l'absence de pouce opposable, ce qui les oblige à saisir des objets entre les deux premiers doigts de la main, ce qu'on appelle la schizodactylie. (C'est une faculté de la préhension spécialisée que l'on retrouve dans le vaste sous-groupe des *Homo sapiens* dits « fumeurs ».) Le nom de cette sous-famille vient d'*Ateles*, le groupe des singes araignées. (Il existe aussi deux autres genres d'atélinés, *Lagothrix* et *Brachyteles*, les « singes laineux » et non pas « haineux » selon une erreur assez commune.) Les atélinés, dont les hurleurs, vivent dans des systèmes sociaux avec des mâles et des femelles s'associant et se dissociant au gré des circonstances et des querelles de domination. Des membres des deux sexes peuvent être dominants et il n'est pas facile de les distinguer puisque le clitoris des femelles est parfois aussi développé que le pénis des mâles dont les postures viriles sont bien connues. Il faut souligner cette particularité puisque, chez les singes, la règle fait que les femelles restent ensemble toute leur vie alors que les mâles migrent à l'adolescence ; que c'est l'inverse chez de rares espèces comme les chimpanzés et les hommes. Chez les hurleurs ce jeu varie au gré du caractère des individus des deux sexes, avec les tensions et les exclusions que cela implique.

Le hurleur brun se nomme *Alouatta fusca* ; le hurleur rouge *Alouatta sineulus* ; le hurleur noir et rouge *Alouatta belzebul* ; le hurleur à manteau *Alouatta palliata* ; le hurleur noir mexicain *Alouatta pigra* et le hurleur noir *Alouatta caraya*. Ces espèces ont des répartitions géographiques voisines, mais qui ne se chevauchent pas : on parle d'espèces allopatriques, c'est-à-dire d'espèces très attachées à leur territoire ou à front naturel (FN). Ce caractère très territorial s'associe à des régimes alimentaires folivores composés principalement de feuilles, jeunes de préférence, mais cela dépend de la saison, mais aussi de quelques fruits et fleurs. Ce sont des « locavores ». Leurs territoires varient entre 4 et 20 hectares, ce qui est très peu pour des espèces d'une telle taille. Ils passent l'essentiel de leur temps à manger et à digérer, et se déplacent peu. Ce sont également les singes qui dorment le plus, presque quinze heures par jour. D'une manière générale, et comparées aux espèces frugivores, les espèces folivores vivent dans des groupes moins importants, sur des territoires plus petits, bougent moins, ont des interactions sociales moins complexes et des capacités cognitives plus modestes. Les hurleurs collent à cette catégorie.

Parmi les individus de toutes ces espèces, les toisons de couleurs brune et noire dominent. Il y en a aussi des beiges ou blondes, très appréciées. Restent les rouges, ce qui détonne un peu – certainement la conservation d'un caractère ancien hérité du *Paraloutta* de Cuba puisque cela concerne principalement les hurleurs de la Guyane voisine.

Ces variantes colorées sont liées à la vision colorée dite trichromatique de ces singes. En effet, les mammifères possèdent une vision bichromatique. Les singes ont réacquis la vision colorée grâce à une mutation et une duplication de gènes sur le chromosome X, celui des femelles. Comme elles en ont deux, elles ont commencé à voir en couleur, mais pas les mâles, qu'elles avaient à l'œil comme il se doit.

Le singe hurleur tient son nom de sa capacité à pousser de grands cris pour marquer son territoire, indiquer sa présence aux autres groupes et aussi pour réaffirmer sa position sociale. Quand le hurleur crie, tout son corps se tient de telle sorte qu'il porte son gros larynx en avant, la tête relevée, ce qui permet de vérifier que ses narines sont écartées, lui donnant un air très dominateur. (C'est l'équivalent éthologique chez l'homme du « coup de menton ».) Les hurleurs excellent dans les joutes vocales qui, assez souvent, se prolongent par de rixes violentes.

Un dimorphisme sexuel marqué distingue les mâles et les femelles, pour la taille corporelle comme celle des canines, mais parfois aussi pour la couleur de la toison. Chez certaines espèces, les mâles ont des poils sombres alors que des femelles sont blondes. Mais que l'on ne s'y trompe pas, si les appels émis par les deux sexes ont des tonalités différentes, la signification reste la même.

Les hurleurs forment des groupes sociaux avec plusieurs mâles et femelles adultes. Une compétition intrasexuelle intense oppose les mâles rivaux pour accéder aux femelles. En général, un mâle domine les autres et tient à préserver son statut d'alpha le plus longtemps possible. Dans ce genre de système social, le mâle assurant presque toutes les copulations finit par être évincé – un putsch en quelque sorte – et son successeur s'empresse de tuer les petits non sevrés. Certains mâles affichent une longévité étonnante. Néanmoins, comme toujours en éthologie, on s'intéresse beaucoup trop aux mâles tapageurs et on discerne moins le jeu plus subtil des femelles qui, très efficacement, tirent habilement leur épingle du jeu et ne tardent pas à devenir maîtresses du jeu.

Les hurleurs, bien que menaçants et bruyants, ne constituent pas un groupe menacé. Ils ne sont pas près d'être sur la liste rouge de l'UICN, qu'ils verraient disparaître non sans satisfaction. Bien au contraire, ils font partie des rares espèces actuelles avec une dynamique territoriale et farouchement intolérante aux incursions étrangères. Même si l'on ne peut faire le reproche à des singes de ne plus avoir la mémoire lointaine de leurs origines migratoires, ce n'est pas un comportement propice à la paix dans les canopées. D'une manière générale, une espèce ou un système écologique qui s'isole annonce son déclin.

communauté d'agglomération
Grand Paris Sud
communauté d'agglomération

CHAPITRE 8

Le gibbon ou la question de la famille

Ce singe hominoïde se distingue par une rare élégance lorsqu'il se déplace au plus haut de la canopée des forêts tropicales d'Asie du Sud-Est. Suspendu par ses longs bras, le gibbon (*Hylobates lar*) se balance d'une branche à l'autre dans un ballet aérien que les spécialistes appellent la brachiation. Il se balade au-dessus des autres singes habitant les mêmes forêts, comme les macaques et les orangs-outangs, qui ne lui prêtent guère attention.

Le groupe des gibbons se rapproche le plus des singes hominoïdes, que forment les orangs-outangs d'Asie et les chimpanzés, les bonobos et les gorilles d'Afrique, sans oublier les hommes. Leurs origines restent incertaines, parfois rapprochées de fossiles européens et d'autres, plus récents, de Chine. Comparés aux grands hominoïdes, ils représentent un groupe assez conservateur avec des caractères archaïques partagés avec les singes, comme les macaques. On dénombre une dizaine d'espèces réparties de l'est de l'Inde au sud de la Chine ainsi que dans presque tout le sud-est de l'Asie, dont les îles de la

Sonde. En fait, partout où il y a encore des forêts tropicales humides.

Comme pour les babouins, les spécialistes ne s'accordent pas sur le nombre d'espèces et de sous-espèces. La tendance est de réunir les gibbons agiles, de Mueller, hoolock, gris, de Kloss et autres dans une seule super-espèce : *Hylobates lar* ou gibbon à mains blanches ou qui a les mains blanches.

Le caractère conservateur des gibbons se lie à leur étroite dépendance aux hautes strates de la canopée. Ils y recherchent principalement des fruits mûrs auxquels s'ajoutent des jeunes pousses et quelques insectes. Ils vivent essentiellement dans les niveaux moyens et supérieurs des forêts et se hasardent rarement dans les niveaux inférieurs. Ils possèdent deux atouts considérables : d'une part, leur haute position dans les strates de la forêt, qui leur permet de contempler les affaires qui s'y passent, en évitant soigneusement de se compromettre, car c'est dans leur nature éthologique ; d'autre part, leurs longs bras. Cette dernière caractéristique est certainement un atout pour leur survie et fait qu'on est tout surpris quand ils descendent de la frondaison de la forêt primaire.

Quand le gibbon vient à descendre au sol, il se déplace sur deux jambes, il est bipède, et se sert de ses grands bras comme balancier. Une démarche assez amusante qui s'apparente à un numéro d'équilibriste, sans cesse en recherche de stabilité sur un terrain où il se sent mal à l'aise, avançant vers l'arbre qui lui permettra de retrouver son aisance acrobatique. Tant qu'il se plaît dans les hauteurs de la canopée, assuré de sa prestance brachiatrice, tout va pour le mieux. Une fois au sol, en revanche, au vu de tous, impossible de se dissimuler aux regards les plus scrutateurs, ce qui l'amène à ce curieux numéro de marche bipède d'équilibriste, comptant sur le balancement de ses grands bras et se demandant s'il est possible de tenir la distance avant d'atteindre le plus grand arbre. Le gibbon fait preuve de peu d'endurance dans ses courses au sol.

La tradition chinoise décrit les gibbons comme des « gentlemen de la forêt », à l'opposé des avides macaques qui passent leur temps à dérober les nourritures des hommes.

Le gibbon a une histoire anthropologique encore trop ignorée des paléoanthropologues. Après la publication de *L'Origine des espèces* par Charles Darwin en 1859, son coreligionnaire allemand Ernst Haeckel est le premier, avec Thomas Huxley en Angleterre, à regarder les origines de l'Homme du côté des grands singes actuels. Haeckel propose l'hypothèse d'une origine en relation avec les gibbons, car ceux-ci sont réputés marcher debout une fois au sol, ce qu'on appelle le modèle hylobatien, en référence à son nom de genre *Hylobates* (l'étymologie de ce terme signifie « celui qui marche debout et habite dans les bois »). Il fait alors une hypothèse – et non pas une prédiction, comme on en affirme trop souvent à propos des affaires humaines en politique – et se dit qu'on découvrira des fossiles humains dans les régions où habitent les gibbons. Il propose même de nommer ce fossile à découvrir *Pithecanthropus alalus*, le singe-homme qui ne parle pas.

Le jeune médecin Eugène Dubois lit Haeckel et se fait engager dans l'armée hollandaise pour partir sur les traces du pithécanthrope. Si cet homme a un nom prédestiné pour aller à la recherche des origines hylobatiennes de l'homme dans les forêts d'Indonésie, il n'est pas de nationalité française, mais batave – lointaine conséquence de la révocation de l'édit de Nantes qui poussa tant de huguenots à quitter la France. Il se trouve que les rares colonies de ce pays se situent justement là où vivent les gibbons. Franchement, il y a de quoi croire en la destinée ! Car Dubois va découvrir le célèbre pithécanthrope de Java à la fin du XIXe siècle, qu'il nomme *Pithecanthropus erectus*, autrement dit le « singe-homme debout », connu aujourd'hui comme *Homo erectus*, le premier représentant incontestable du genre *Homo*. Il substitue *alalus* par *erectus* parce qu'il marche debout – évitons les jeux de mots et les dérives faciles, sauf quand on a le talent d'un chanteur comme Serge Reggiani. Mais on sait de nos jours qu'*Homo erectus* avait un langage.

Nous savons aujourd'hui que les origines du genre *Homo* sont africaines où il prend le nom d'*Homo ergaster* ou *Homo erectus* gracile – toujours une question d'allure. (Précisons immédiatement qu'en paléoanthropologie comme dans toutes les autres sciences, ce que l'on sait aujourd'hui peut changer demain au fil des révélations.) Voilà qui nous ramène sur le continent des chimpanzés et des gorilles.

Thomas Huxley, le bouledogue de Darwin, penchait pour des origines humaines proches du gorille. Toutefois, dans cette quête des origines, c'est Darwin qui avait raison puisque les chimpanzés sont les plus proches de l'homme dans la nature actuelle. Mais le modèle hylobatien revient par où l'on ne l'attendait pas, c'est-à-dire à pied, avec les origines de la marche debout. Comme je le soutiens avec force d'arguments paléontologiques et éthologiques depuis plus d'une décennie (P. Picq, *Au commencement était l'homme,* Odile Jacob, 2003), les aptitudes à la bipédie tombent tout droit des arbres, et non pas comme une acquisition brutale de la part d'un pseudo-chimpanzé excité, arrivé en marge des savanes, qui se serait redressé à cause de sa petite taille pour s'efforcer de regarder au-dessus des hautes herbes et des autres, tel un Rastignac des savanes. Les gibbons ont donc bien inspiré le modèle hylobatien des origines de l'homme, sauf que l'aventure s'est passée en Afrique. Ce n'est pas facile à suivre, les aventures du chaînon manquant sont aussi trépidantes que la désignation du grand singe censé être l'élu au plus près des hommes au cœur des forêts primaires.

Les mœurs sociales du gibbon épousent celle d'un monogame très lié à sa femelle et à sa progéniture. Comme chez toutes les espèces monogames, le mâle et la femelle sont à peu près de la même taille, les mâles étant un peu plus corpulents, mais pas toujours. Chez quelques espèces, le mâle arbore une belle toison noire avec parfois des favoris grisonnants tandis que la femelle se pare d'une toison claire, ce qui lui vaut le nom d'*Hylobates leucogenys* ou « gibbon à femelle claire ». Ils forment des couples stables avec un maximum de quatre ou cinq enfants. Ces graciles hominoïdes vivent sur un territoire bien délimité avec leur famille et, comme pour toute espèce vraiment monogame, le mâle s'investit dans la protection et l'éducation des jeunes. Il arrive que les parents assistent leurs enfants pour investir un territoire voisin. Les enfants maintiennent donc la tradition des parents, comme de droit, ne sortant jamais de leur niche écologique. Les affaires de famille avant tout, surtout chez les gibbons à mains blanches.

La monogamie reste rare chez les mammifères en général. C'est chez les primates et les singes qu'elle est la plus fréquente, mais moins chez les espèces de l'Ancien Monde. Les gibbons se montrent très conservateurs tandis que les autres espèces se jouent de toutes les possibilités, que ce soit pour les relations sexuelles, la procréation, l'éducation et la protection des jeunes. Après tout, à chaque espèce ses choix et ses contraintes sociales et évolutives. Mais il semble que les gibbons s'accrochent fermement à leur système et se montrent très intolérants pour les écarts à leurs normes.

Les gibbons sont les seuls singes chanteurs alors que les autres se contentent de hurler leurs humeurs. Ces mélodies, le plus souvent matinales, réaffirment le périmètre de leur territoire, trop souvent menacé par des singes peu respectueux de leurs compétences reconnues, comme certains macaques. Quand le mâle chante en solo, c'est pour indiquer à ses congénères des environs qu'il est bien présent ; de même pour la femelle envers des rivales potentielles. Les couples se lancent dans des duos aux tonalités délicates exprimant leur union. Par-delà tout anthropomorphisme naïf, ces sérénades en font les singes les plus romantiques, ce qui traduit certainement le mal d'amour des éthologues trop longtemps séparés pour se livrer au dur sacerdoce de l'éthologie de terrain. Cette harmonie du couple finit par susciter quelques ragots, comme la prétendue polygynie des gibbons du sud de la Chine (*Hylobates concolor*), vite démentie par l'observation.

L'évolution et la filiation des gibbons restent assez mal connues, leurs ancêtres putatifs se dispersant dans le temps et l'espace des couches géologiques de l'Eurasie. Leur statut actuel est de plus en plus fragile, la plupart des espèces étant menacées d'extinction, l'écologie ne jouant pas en leur faveur. Heureusement, il arrive que des bonnes nouvelles nous parviennent, comme la découverte inattendue d'une population importante de gibbons dans une forêt du Vietnam. On les a repérés grâce à leurs chants ; espérons que ce ne soit pas leur chant du cygne, mais un signe de gibbonne année, ce qui n'est pas évident tant la dégradation des forêts primaires leur est funeste. Mais le gibbon est tenace. Il s'agrippe avec une conviction obstinée aux dernières branches des forêts primaires, se tenant au-dessus des tumultes, même si des vents furieux secouent la canopée. Seul recours : toujours monter plus haut pour ne pas être rattrapé par les affaires. Cependant, en se plaçant ainsi au-dessus des contingences terrestres, ne risque-t-il pas de tomber brutalement au sol avec le dernier arbre qui le soutient, tant l'environnement qui l'entoure ne cesse de se détériorer ?

CHAPITRE 9

Le singe capucin ou la question de l'économie

Dans son *Histoire naturelle*, Buffon, qui avait une piètre opinion des singes en général, écrit ceci à propos du capucin (*Cebus capucinus*) : ce « singe est indocile autant qu'extravagant ; sa nature est en tout point également revêche : nulle sensibilité relative, nulle reconnaissance des bons traitements, nulle mémoire des bienfaits ; de l'éloignement de la société des hommes, de l'horreur pour la contrainte, du penchant à toute espèce de mal ou, pour mieux dire, une forte propension à faire tout ce qui peut nuire ou déplaire ». Buffon met tous les singes dans la même besace, comme on le fait aujourd'hui des politiques, des entrepreneurs, des syndicalistes, des banquiers, des fonctionnaires, mais les témoignages des personnes connaissant des capucins décrivent des sujets intelligents, attachants, affectifs, vifs, empathiques, inventifs et présentant un caractère indépendant. Ces catégorisations fondées sur des préjugés n'aident pas à comprendre le genre humain et encore moins la gente simiesque. Un siècle après Buffon, un admirateur des singes écrit : « Voilà comment on écrit l'histoire naturelle, et comment les réputations des bêtes s'établissent. »

Ces petits singes très intelligents sont connus aussi sous les noms de sajous ou encore sapajous, une des insultes anthropologiques favorites du capitaine Haddock. Plus rarement sous celui de saïs, ce qui ne correspond nullement à Jean-Baptiste Say, un des fondateurs de la pensée économique française, à qui John Keynes attribue la loi selon laquelle « l'offre stimule la demande ». Ce n'est pas tout à fait exact, mais ces lois de l'économie, qui ne sont pas des lois au sens de celles de la physique, ne cessent d'être discutées sans pouvoir vraiment être ni réfutées ni consolidées. Il en est ainsi de la notion d'*Homo œconomicus*, ou agent économique rationnel, dont les origines remontent au XIXe siècle et qui veut qu'un individu tende à optimiser toute transaction économique ou échange. Alors est-ce qu'*Homo sapiens* est un « agent économique rationnel » ? En 1995, l'économiste Joseph Persky a écrit un article de synthèse intitulé « Ethology of Homo Economicus », où il reprend les origines et l'évolution de ce concept. Il n'imaginait certainement pas en faisant usage du terme « éthologie » que, quelques années plus tard, les programmes de recherche menés dans les universités d'Atlanta et de Yale sur des capucins allaient apporter des réponses.

Ces petits singes du Nouveau Monde sont les chouchous des médias. Ils apparaissent dans les films, les publicités, les magazines, les cirques. Ils donnent l'impression d'être faciles à domestiquer, mais ce n'est pas si simple. Avec les capucins, il s'agit toujours de domestication consentie, tant que cela leur plaît ou les intéresse. En raison de leurs étonnantes facultés d'adaptation et de leur grande intelligence individuelle et sociale, certains ont eu le projet de les dresser pour aider les paraplégiques, comme on le fait avec les chiens pour les malvoyants. Sauf que, les capucins restant des singes, ils n'ont pas tardé à manifester leur indépendance. Chose qui, on en conviendra, peut vite devenir ingérable pour des personnes handicapées qui pensaient en faire des compagnons dociles.

De petite taille, d'allure alerte, pour ne pas dire juvénile, les capucins ont un poids qui oscille entre 2 et 4 kilogrammes, les mâles étant un peu plus corpulents que les femelles, avec des canines plus développées. Leur pelage varie du blanc au noir, certaines espèces jouant sur le roux et le brun. Ils ont des membres antérieurs et postérieurs sensiblement de même longueur, et une queue puissante et préhensible (mais pas aussi perfectionnée que celles des autres singes d'Amérique du Sud, il est vrai, plus corpulents). Les capucins se déplacent en courant et par sauts. S'ils sont au sol, ils peuvent se tenir debout, voire marcher redressés, en s'appuyant sur leur queue. De cette queue, ils se servent aussi pour se propulser puissamment, d'un grand bond, aidés par leurs membres postérieurs (pour cette raison, quelques auteurs se sont amusés à les rapprocher du marsupilami). Dans l'ensemble, ils collent parfaitement à l'image du singe extrêmement agile, rapide et, pour tout dire, malin. À ces qualités déjà nombreuses s'ajoute une grande dextérité due à leur pouce semi-opposable dont ils font grand usage, avec des capacités manipulatoires proches de celles des hommes.

Leur nom de capucin fait référence aux moines de même nom, en raison de la touffe de poils qui vient couronner le crâne de leurs représentants les plus emblématiques. Les spécialistes dénombrent quatre espèces aux limites parfois incertaines, problème qui se complique encore au niveau des sous-espèces distribuées dans presque toutes les régions arborées d'Amérique centrale et d'Amérique du Sud. Leur face et leur regard très expressifs s'accordent avec une très grande sensibilité et une intelligence très vive. Parmi tous les singes actuels, ceux de l'Ancien comme du Nouveau Monde, ils se démarquent par une taille de cerveau, qui, rapportée à celle du corps (coefficient d'encéphalisation), est comparable à celle de l'homme.

Les groupes de capucins varient de quelques individus à une centaine, avec des systèmes sociaux multimâles/multifemelles. Une telle diversité témoigne d'une grande adaptabilité sociale. Les femelles, qui ne quittent pas leur groupe de naissance et se montrent assez territoriales, forment des coalitions efficaces pour défendre leurs intérêts. Les mâles changent facilement de bandes, seuls ou à plusieurs. Bien que passant fréquemment d'un groupe, ou d'un territoire, à un autre, ils n'en assurent pas moins une défense organisée, et parfois agressive, de leur résidence du moment, ce que l'on pourrait qualifier de bel esprit d'équipe, à la manière de ces sportifs transférés d'un club à un autre. Un tel trait est d'autant plus remarquable que ces mâles ne sont pas apparentés. Les relations de pouvoir entre les clans de femelles, les coalitions de mâles ou entre les membres des deux sexes prennent des configurations variées, nettement plus souples en tout cas que chez la plupart des autres espèces de singes, surtout ceux de l'Ancien Monde (groupe auquel nous appartenons).

Leurs mœurs sexuelles combinent à la fois la polygynie, un mâle s'assurant un accès privilégié auprès d'un grand nombre de femelles, et la polyandrie, les femelles jouissant de relations avec plusieurs mâles. Ces dernières se montrent très proréceptives pour stimuler les ardeurs des mâles. On a constaté que les mâles plus dominants s'intéressaient plus volontiers aux jeunes femelles, mais tout dépend évidemment de la qualité des relations recherchées. Globalement, les capucins maintiennent un taux de fécondité important, tout en ayant des périodes de vie (gestation, sevrage, enfance, adolescence, âge adulte) longues, comparées aux autres singes de même taille. (En général, les espèces à fort taux de fécondité ont des périodes de la vie courtes, comme les rongeurs.) Tous ces paramètres sont associés à un cerveau développé, de grandes capacités cognitives et une durée de vie de dix à cinquante ans, ce qui, là encore, est considérable pour des espèces d'aussi petite taille.

Leur régime alimentaire exploite les meilleures ressources de leurs habitats : fruits et surtout insectes, araignées, œufs, lézards, mollusques, huîtres, petits mammifères, petits oiseaux et aussi des écureuils volants, bien plus gros, qu'ils chassent en groupe. Ils savent résoudre des problèmes à la fois individuellement et collectivement. Bien qu'arboricoles, ils utilisent des pierres pour briser des fruits protégés par des exocarpes résistants ou ouvrir des mollusques. Ils se servent de « coques » pour puiser de l'eau et de bâtonnets pour attraper des fourmis ou dénicher des chenilles. Ils n'hésitent pas à faire un tapage collectif avec des pierres pour impressionner un prédateur. Dans diverses populations, les individus écrasent des mille-pattes et enduisent leur corps du produit obtenu pour repousser les moustiques. Les observateurs ont remarqué que plus les groupes sont nombreux, plus ils recherchent les protéines animales en traquant les insectes et en chassant. De telles actions exigent collaboration, mise en commun des différentes compétences des individus, partages, échanges et équité. Ce qui nous amène à leur qualité d'agents économiques.

Les travaux de Daniel Kahneman, prix Nobel d'économie en 2002 pour ses travaux sur la théorie des perspectives et la finance comportementale, s'inscrivent à rebrousse-poil des postulats de l'économie classique basée sur un *Homo œconomicus* rationnel. Mais comment peut-on un seul instant attendre d'un individu, même humain, qu'il évalue le plus rationnellement possible ses choix et qu'il en mesure toutes les conséquences ? Comment croire, car il s'agit bien de croyance, que le marché, en admettant qu'il en existe une définition claire, se retrouve spontanément en situation d'équilibre ? À partir du moment où nous avons affaire à des individus différents les uns des autres, qui ont des intérêts plus ou moins conscients (plutôt moins que plus), des émotions et des intentions qui les traversent et les dépassent souvent, sans parler du fait qu'ils évoluent dans des groupes sociaux complexes et des environnements qui ne le sont pas moins, comment, donc, croire un seul instant en un idéal rationnel et équilibré ? Il en va de même pour la théorie des équilibres des marchés, c'est un non-sens évolutionniste. (P. Picq, « Il est l'heure de bâtir un nouvel humanisme » et « Notre système politique est arrivé à son terme », *Acteurs de l'économie/La Tribune,* octobre 2016).

Mais revenons aux capucins. Des chercheurs de Yale ont voulu les transformer en capitalistes en leur donnant des jetons comme monnaie d'échange. Les singes ont appris très vite et donné rapidement un prix aux transactions, échangeant leurs jetons contre tel ou tel type de fruit (pommes, ananas, oranges…).

Dans une des expériences, on leur a proposé deux choix : le premier consiste à échanger un jeton contre un quartier de pomme ; le deuxième à donner un jeton pour le même morceau de pomme et, une fois sur deux, un morceau supplémentaire. Les capucins ne traînent pas à faire le bon choix rationnel puisque, dans ce dispositif, ils ne risquent aucune perte et qu'ils peuvent bénéficier d'un bonus. Ce ne sont pas eux qui se feraient avoir avec ces promotions de grandes surfaces qui vous proposent d'acheter des packs contenant plus unités d'un même produit à un prix cumulé qui revient plus cher qu'à l'unité... Le *monkey business* et la monnaie de singe ne font pas partie du registre cognitif tordu des capucins.

Plus intéressant, passons à l'aversion de la perte sur les gains. Un choix assure l'échange entre un jeton et un morceau de fruit. L'autre choix commence par la proposition de deux morceaux de fruits contre un jeton. Mais l'agent ne donne qu'un morceau sur les deux escomptés. Le résultat est le même dans les deux expériences, mais les capucins préfèrent le premier au second qui donne l'impression de perte (et certainement de frustration). Ils préfèrent choisir un agent qui leur assure un avantage régulier plutôt qu'un autre qui leur assure au minimum le même gain, mais en ajoutant un surplus qui ne vient pas. Autrement dit, on observe chez les capucins, comme chez les hommes d'ailleurs, une préférence pour un revenu régulier et modeste plutôt que pour une rémunération équivalente, même assortie de promesses de primes supplémentaires qui tardent à arriver.

Voyons maintenant ce que l'on appelle communément l'effet de renversement. Les capucins, comme les hommes une fois encore, préfèrent une opération qui se présente avec une certitude de gain plutôt qu'une incertitude sur les pertes, même s'il s'agit d'opérations dans lesquelles, une fois de plus, on aboutit à un même résultat ou bénéfice. Dans la présentation sous forme de gain, le premier choix fait que le capucin est certain de recevoir deux fruits tandis que dans le second cas, il en reçoit un fruit ou trois fruits une fois sur deux – ce qui, en fin de compte, revient exactement au même (après une série de plusieurs transactions). Comme dans le cas précédent, les capucins optent pour le premier choix, celui qui garantit les gains.

On reprend le même dispositif, mais cette fois sous forme de pertes. Dans le premier choix, le capucin se trouve dans une situation où il passe de trois fruits à deux fruits. Dans le second choix, il reçoit une fois sur deux un fruit (plus de perte) ou bien les trois (pas de perte). Là aussi, les résultats moyens restent identiques, sauf que, dans un cas, il est sûr de perdre un fruit alors que, dans l'autre cas, c'est une fois sur deux. Alors quitte à perdre, autant jouer sur la chance d'avoir trois morceaux une fois sur deux. Ainsi, les capucins n'adoptent pas le même état d'esprit suivant que l'opération se présente comme un gain ou une perte. Ils assurent les gains, mais prennent plus de risques sur les pertes. Tout cela est aussi capucin qu'humain. En effet, l'aversion de la perte est un des biais que l'on observe dans nos deux populations, chacune préférant ce qu'elle a plutôt que ce qu'elle pourrait avoir d'équivalent sous forme de gain. On retrouve ici l'aphorisme populaire « un tien vaut mieux que deux tu l'auras » illustré par Jean de La Fontaine dans sa fable « Le Petit Poisson et le Pêcheur ». En des termes plus modernes, c'est la différence entre l'épargne et l'investissement, entre la rente et la Bourse.

Cela étant dit, l'introduction des jetons à laisser toute latitude aux capucins d'évaluer le prix à donner pour avoir tel ou tel fruit, ou pour d'autres avantages, comme ce mâle offrant un jeton contre une faveur sexuelle. Les scientifiques n'ont observé, en revanche, aucun comportement de cumul ou d'épargne chez les capucins ; seraient-ils des adeptes de la relance par la consommation et l'investissement ? Cependant, ils ont observé des cas de vol et sans le moindre remords. Dans un commentaire, on lit que ce serait une différence entre les capucins et les hommes, ces derniers observant l'aphorisme « bien mal acquis ne profite jamais ». Faut-il mener de telles expériences chez les capucins pour tester la véracité de cette affirmation chez les hommes ?

La convergence entre les recherches de Kahneman chez les humains et celles du groupe de Yale chez les capucins souligne le caractère psychologique et émotionnel des choix économiques, connus sous le terme *Prospect Theory* en économie expérimentale (théorie de la perspective). Les machines et les algorithmes ne sont pas programmés de la sorte et c'est bien la raison de leur usage massif dans les salles des marchés. Toutefois, leur manque d'émotion fait qu'ils enclenchent des dérives rationnelles selon leurs logiques programmées, responsables des dernières crises financières. Il serait judicieux de leur inculquer des algorithmes émotionnels qui leur procureraient l'aptitude de l'aversion de la perte.

Expliquer ces convergences économiques et cognitives entre les capucins et les hommes n'a rien d'évident. Entre les chimpanzés et les hommes, on comprendra dans la partie suivante que cette similitude participe de nos origines communes. Mais avec les capucins ? On se réfère alors à un faisceau de caractères anatomiques et sociaux analogues : fort coefficient d'encéphalisation, dextérité, usage d'outils, vie assez longue, groupes multifemelles/multimâles, intelligences individuelle et collective, résolutions de problèmes, tendances à collaborer et à partager, sens de l'éthique, aversion pour l'iniquité... De fait, les capucins s'engagent volontiers dans des actions de groupe, même si certains individus ne s'attendent pas à recevoir de récompense. Et cela marche. Même si les traits aimables de leur caractère ont été affectés par les affaires d'argent – pardon, de jetons –, ils maintiennent leur fibre collaborative et éthique sans avoir omis le sens du don.

L'agent économique rationnel, égoïste et calculateur au mépris et au détriment d'autrui, n'est pas un produit de l'évolution, mais une invention des théories économiques. Confrontés à l'inanité du concept d'*Homo œconomicus*, des économistes radicaux s'en sont remis au concept d'« agent biologique égoïste » prétendument au cœur des théories de l'évolution. (Cette théorie est connue sous le nom de théorie du gène égoïste, laquelle s'est développée à la fin du XXe siècle dans le cadre de la dérégulation économique.) Voilà une manie des sciences humaines : quand elles sont empêtrées dans leurs postulats, elles se mettent en quête de lois naturelles (ou divines). Tout cela au nom de la rationalité. Mais de quelle rationalité parle-t-on ? Est-il plus rationnel pour des individus sociaux de maximiser leurs gains au détriment d'autrui ou de maximiser la qualité de leurs relations sociales quitte à gagner moins ? Quand de mauvais concepts économiques se rassurent avec des concepts erronés de la biologie, il faut s'en inquiéter sérieusement. Frans De Waal, au cœur de ces recherches avec les capucins, a d'ailleurs écrit un excellent article intitulé « How Bad Biology Leads to Bad Economics », c'est-à-dire, en forçant le trait, « comment une mauvaise biologie conduit à une économie désastreuse »… (P. Picq, *Un paléoanthropologue dans l'entreprise*, Eyrolles, 2011).

Dans ce monde en marche vers des changements considérables, en quoi les capucins peuvent-ils aider les hommes ? S'ils pouvaient au moins contribuer à des thèses économiques rationnelles, ce serait un grand pas en avant, entre micro et macroéconomie. Seulement l'aversion pour les pertes face à un monde qui change semble profondément enracinée dans l'esprit des capucins. Au moins nous apprennent-ils une chose fondamentale, à savoir que c'est en percevant le changement comme un gain que les espèces survivent.

CHAPITRE 10

L'entelle ou la question de la solidarité

Les entelles tirent leur nom des « singes sacrés » de la légende du dieu Hanuman. Ces singes d'Asie se sont considérablement diversifiés au cours des derniers millions d'années, comme les macaques. On les a longtemps rangés dans une seule espèce – *Semnopithecus entellus* – avec de nombreuses sous-espèces. Actuellement, les systématiciens discutent pour reconnaître plus d'une dizaine d'espèces réparties en plusieurs genres comme *Trachypithecus* et *Kasipithecus*. La tâche n'est pas évidente entre les différents courants et faire la synthèse dans l'unité et la diversité n'est pas chose simple même dans les congrès. Elle est rendue d'autant plus difficile par le fait que les obédiences les plus diverses, des plus profanes au plus religieuses, se côtoient autour de ce singe sacré.

Tout allait mieux du temps où le genre *Semnopithecus* rassemblait toutes ces variétés sous la houlette d'une grande figure devenue mythique – *semnos* venant du grec « vénérable » et entelle signifiant « celui qui commande » d'après un héros troyen de l'Antiquité chanté par Virgile. La culture classique importe beaucoup dans ce groupe apprécié des lettrés, un peu comme le dieu Thot des Égyptiens. Ainsi, on rencontre des *Semnopithecus ajax*, *priam* et *hector*, ce qui n'arrange pas leurs relations quand quelques belles Hellènes de sang royal se mêlent des intrigues des dominants. Car si les semnopithèques ne cessent de clamer leur unité, il y a toujours une guerre à trois qui couve sous la cendre.

Cela nous amène à une légende indienne à propos de la couleur noire du visage, des mains et des pieds des entelles. Le singe sacré aurait dérobé la mangue au Sri Lanka et introduite en Inde. Très fâchés, les dieux le condamnèrent au bûcher. Celui-ci s'échappa, mais en garda les stigmates. Depuis, les entelles semblent toujours marqués par les vieux démons et pratiquent la mangue de bois pour ne pas fâcher.

La mythologie indienne considère les entelles comme les descendants du dieu-singe Hanuman. Dans l'épopée de Ramayana, Hanuman et son peuple singe apportèrent leur soutien au prince Rama, une des incarnations de Vishnou. Car Ravana, le roi des démons, détient Sita, la femme de Rama. (Les histoires entre les démons séducteurs et les femmes sont récurrentes.) Hanuman et les singes construisirent un grand pont de pierres et d'arbres, jeté au-dessus de l'océan, pour atteindre le Lanka, où se déroula une terrible bataille gagnée par Rama et ses alliés. Aujourd'hui encore, le peuple entelle aime à évoquer cet héritage des grands combats sociaux, se considérant comme le seul authentique détenteur des hanumanités, ce qui ne manque pas d'irriter les autres singes. Ce mythe reste très présent en Inde comme en témoigne le célèbre chanteur indien Amon qui chante

Hanuman dans des événements de charité que l'on peut voir sur YouTube.

Les entelles sont sympatriques avec les macaques, ce qui veut dire qu'ils partagent les mêmes habitats. D'ailleurs, les Indiens n'hésitent pas à avoir recours à eux pour effrayer les macaques qui en prennent parfois trop à leur aise dans les villages et les villes, pillant leurs maigres ressources, avec des conflits plus tendus autour des temples, quelles que soient les religions et obédiences d'ailleurs. Cela donne des jeux d'alternances et de curieuses cohabitations, sous le regard amusé d'un Hanuman tout à son plaisir.

La coexistence des entelles et des macaques permet d'évoquer une discipline passionnante, la socio-écologie, programme de recherche qui s'intéresse aux relations entre les contraintes écologiques et les interactions sociales. Les entelles mangent plus de feuilles tandis que les macaques consomment plus de fruits ; les premiers sont plus folivores et les seconds plus frugivores. L'éthologie, la physiologie et l'anatomie comparées dégagent des tendances adaptatives intéressantes. Les feuilles se présentent en abondance dans les forêts, faciles à se procurer en quantité, mais il faut beaucoup de temps pour les mastiquer et les digérer ; en outre, les entelles s'avèrent capables de supporter ce qui est amer. Ces facilités et ces contraintes font que les entelles vivent dans des groupes moins importants en nombre, se déplacent moins, occupent des territoires plus restreints et possèdent un cerveau plus petit. En comparaison, les macaques forment des groupes à effectifs plus grands, parcourent de plus grandes distances quotidiennes et jouissent d'un encéphale plus développé, tous ces caractères étant en relation avec leurs relations sociales plus complexes. Comme toujours en primatologie, il faut bien se garder de généraliser et de stigmatiser hâtivement, puisque les entelles et les macaques sont représentés respectivement par une vingtaine d'espèces, ce qui fait un bel éventail de variations.

Les entelles se retrouvent dans tous les habitats, montrant une très grande souplesse écologique. Ils se nourrissent de feuilles en grande quantité et leur système digestif leur permet de consommer des noix et des fruits dangereux pour les autres espèces de singes, comme les macaques. Outre leur préférence pour les feuilles tendres, ils apprécient les gommes végétales, dont le latex, la terre argileuse qui évite des maux d'estomac, les insectes et les galles d'insectes, les champignons, quelques racines et le cœur de certaines tiges. Bref, pour survivre chez les entelles, il faut avoir de l'estomac et être capable de digérer cette synthèse de nourritures peu digestes.

Dans l'ensemble, les entelles sont peu agressifs. Les éthologues mentionnent leur côté naturellement pacifique, ce qui peut leur nuire dans des situations tendues, bien qu'ils finissent par réagir comme dans la légende d'Hanuman. Cette attitude se maintient à condition que leur densité ne soit pas trop élevée et les nourritures abondantes. Dans cette situation, les groupes acceptent le chevauchement de leurs domaines vitaux, tout en défendant le centre. Les conflits se règlent vocalement, les cris servant d'avertissement pour que chaque groupe tienne ses distances. Cela dépend évidemment de la densité à la fois d'individus et de nourriture. Dans de bonnes conditions, on observe des troupes avec plusieurs mâles et plusieurs femelles avec diverses associations de groupes mixtes et de harems polygynes (un mâle et plusieurs femelles).

En revanche, quand la densité de population se tend par rapport aux ressources, les mâles s'isolent avec leur harem, tandis que les autres mâles, célibataires, se mettent en bande. Ces frondeurs se coalisent de façon opportuniste et harcèlent les mâles avec harem pour prendre leur place. Au cours de combats parfois violents, les autres mâles, plus jeunes, finissent par chasser les mâles résidents puis se battent entre eux, car il ne peut en rester qu'un. C'est primaire, mais ils doivent en passer par là.

Pour résumer, le système social des entelles s'adapte aux contraintes à la fois écologiques et sociales. Il semble que les groupes avec plusieurs mâles et plusieurs femelles soient transitoires entre une situation double avec, d'un côté, un mâle et plusieurs femelles et, de l'autre, que des mâles. Les relations apparaissent plus strictes et hiérarchiques dans les groupes composés uniquement de mâles, jouant de toute la gamme des comportements entre la paix, la coopération et l'agression. Dans les groupes mixtes, les relations entre les mâles et les femelles sont coopératives et apaisées. Dans tous les cas, les actes d'agression et de soumission sont nettement plus fréquents entre les dominants de chaque sexe.

En général, les femelles restent en dehors des conflits qui agitent les mâles. La hiérarchie entre les femelles est plus stable, mais pas dans les grands groupes. Quand les relations de dominance sont bien établies, elles s'épouillent réciproquement entre dominantes et dominées ; quand il en va autrement, les dominantes se font plus épouiller par les dominées. Contrairement à ce qui se passe chez d'autres espèces comme les chimpanzés, les femelles voient leur rang régresser avec l'âge. Il semble que ces changements soient une affaire entre femelles qui restent toute leur vie dans leur troupe natale. Les jeunes mâles doivent quitter leur troupe de naissance à l'adolescence, aidés en cela et sans ménagement par le mâle dominant. Quant à ces mâles dominants – sans cesse menacés par les mâles qui les harcèlent en groupe et qui ont pour seule ambition de les chasser pour prendre leur place en se faisant aider de leurs camarades avant de les repousser à leur tour –, certains manifestent une forte attirance pour les jeunes femelles dominantes et très communicantes, sans que ce point soit clairement corrélé avec leur succès reproducteur.

Les mâles dominants assurent presque toute la reproduction, sans que les femelles ne manifestent de transformation morphologique évidente – en tout cas, pour les éthologues – comme chez d'autres espèces où les femelles en état d'œstrus voient leurs parties génitales se gonfler et prendre une couleur rose plus ou moins soutenue. Pas d'excitation osée ni rosée chez les entelles, donc. Quoi qu'il en soit, le mâle dominant revendique ses privilèges, parfois avec de l'abus et sans que les autres n'osent rien dire. Toutefois, il arrive toujours un moment où d'autres mâles, jusque-là effacés, se liguent pour l'évincer. Les canines des mâles sont d'ailleurs plus développées que celles des femelles (une légende raconte qu'un entelle de la stature d'Hanuman aurait fait raboter ses canines pour mieux obtenir le suffrage de ses congénères, et que cela a fort bien marché).

Les entelles ont belle allure avec leur pelage argenté et leur face noire, qui n'évoquent pas forcément de sombres desseins, peut-être de grandes ambitions. Cette face entourée d'un collier de poils clairs évoque la taille particulière de la barbe si fréquente chez les cadres de l'Éducation nationale, ce qui nous amène à la forte implication des entelles dans le monde de l'éducation.

Sur le plan de l'éducation, les femelles pratiquent ce que les Anglo-Saxons appellent le *care*. Les petits naissent avec un pelage foncé et avec la face et les paumes des mains et des pieds de couleur rose, ce qui les rend très attirants. Les mères laissent volontiers les autres femelles s'occuper de leurs chères têtes roses, mais doivent parfois insister pour les récupérer, car le *care* varie du baby-sitting au rapt. La vie en rose n'est pas sans épines. Il arrive que des femelles dominantes ayant bénéficié des avantages de ce système pour assurer leur rang exercent des contraintes telles que cela ne puisse bénéficier aux autres femelles. Comment ? En restreignant l'aide que les autres femelles peuvent leur allouer, ce qui a pour effet de durcir les contraintes éducatives des mères qui, de ce fait, peuvent moins se livrer aux intrigues de pouvoir et au soutien efficace de leurs jeunes. Au fond, les stratégies des femelles envers les autres femelles apparaissent bien plus efficaces et subtiles que les combats entre les mâles.

En voyageant au pays des singes, on s'étonne de curieuses corrélations entre la géographie et les mœurs sociales des singes et hommes. Montesquieu, Renan et d'autres ont souligné ces correspondances étonnantes. Quel aurait été leur étonnement en constatant que les sociétés de singes polyandres se trouvent chez les petits singes d'Amazonie (mythe des Amazones) ? Que les harems polygynes les plus stricts se rencontrent en Éthiopie et en Arabie saoudite avec les hamadryas ? Ou encore qu'il existe aussi un système de castes en Inde chez les entelles ?

En effet, les populations d'entelles ont tendance à se regrouper selon le type d'éducation reçue. La réussite sociale des jeunes dépend moins du statut du géniteur que de celui de la mère. Contrairement à leurs voisins macaques, l'hérédité culturelle prévaut sur celle de la filiation, ce que l'on appelle un système de reproduction sociale basé sur des critères de sélections redoutables, et fauteur d'exclusions. Mais allez expliquer cela à des entelles. D'une certaine façon, c'est Hanuman quand on appartient à la légende de ceux qui ont vocation de sauver le genre humain…

CHAPITRE 11

Le mandrill ou l'énigme du centre

Les superbes mandrills sont proches à la fois des babouins, des cercopithèques et des chloropithèques. Les individus de cette espèce affichent une belle prestance, notamment les mâles qui, en raison de leur présence dans de nombreux films, se comparent parfois aux acteurs les plus séduisants. Si ne pas (ou peu) s'intéresser aux femelles reste une mauvaise habitude chez les anthropologues et les éthologues, c'est encore plus marqué en ce qui concerne les mandrills. Il faut dire que les mâles ont belle allure avec leurs magnifiques toisons et les colorations de leur face, de leur poitrine et de leur croupe.

L'étymologie de mandrill (*Mandrillus sphinx*) proviendrait de la fusion de *man*, l'« homme » en anglais, et de l'africain *drill*, « singe ». Ce terme aurait été conçu par nos amis anglais dans l'intention de se moquer des troupes coloniales françaises installées en Afrique centrale et en référence au museau cocardier des mandrills. Un peu tordu, il faut en convenir.

Commençons par le plus connu et certainement le plus coloré de tous les singes : le mandrill ou *Mandrillus sphinx*.

Si ce singe est connu pour ses traits colorés très photogéniques, il n'en va pas de même de ses mœurs. Il vit dans les forêts équatoriales du sud du Nigeria et du Cameroun, de Guinée équatoriale, du Gabon et du Congo.

Le mandrill possède un pelage variant du vert olive au gris anthracite, rehaussé de bandes jaunes et un ventre blanc. Sa face se prolonge par un museau long bordé de bourrelets bleus et des filets rouges. Les narines et les lèvres sont rouges, la barbe jaune, sans oublier quelques toupets blancs. C'est tout aussi coloré à l'autre extrémité du corps autour des parties génitales et de la croupe avec des callosités ischiatiques blanches entourées de parties de couleurs rouge, rose, bleu et pourpre. Des couleurs pour toutes les parties, en somme. Les mâles et les femelles exhibent de petits tétons sur la poitrine, cernés de poils brillants, dont ils se servent pour la communication olfactive. Comme il est de coutume chez les mammifères et surtout chez les singes, les mâles sont plus grands et bien plus beaux que les femelles. La chose s'inverse chez l'homme d'après Charles Darwin…

Son nom, *Mandrillus sphynx*, provient d'une légende locale qui prétend que ce singe des forêts obscures en ressort avec une belle constance et opiniâtreté environ tous les cinq ans. Il a du panache, ce qui va fort bien avec son apparence. Il possède de formidables canines comme des rapières dont il use avec modération. Il se contente le plus souvent de les exhiber, d'en faire un usage modéré et de démonstration – modération et démonstration ou *MoDem* selon la manie des néologismes et apocopes fusionnés. Les auteurs anglo-saxons appellent cela le comportement de *display*, comprendre de « démonstration », et de *yawning*, ce qui veut dire « bâillement ». Sauf qu'en la circonstance le message n'est pas « tu m'ennuies », mais « si tu continues à m'ennuyer, regarde bien mes canines ». Précisons que le bâillement est l'un des comportements les plus communicatifs, puisqu'un bon bâilleur en fait bâiller sept autres, en tout cas chez les singes. En effet, les singes sont doués d'empathie, ce qui serait lié à des neurones particuliers dits « neurones miroirs ». Voilà un excellent moyen de communiquer avec ses proches et de les détendre. Seul problème : il rend sourd. En effet, le bâillement commence par une longue inspiration suivie d'un grand *display* par abaissement de la mandibule, ce qui obstrue les trompes d'Eustache.

De façon générale, les études sur les communications sonores chez les singes sont assez récentes. C'est le cas pour les mandrills qui émettent différents types de sons à la fois personnalisés et caractéristiques de chaque groupe. Les troupes de mandrills peuvent rassembler plusieurs dizaines à plusieurs centaines d'individus des deux sexes, les femelles étant en moyenne dix à vingt fois plus nombreuses. Des groupes composés de mâles sans femelles gravitent autour, attendant une opportunité de déloger un mâle dominant. Existe ainsi une vie sociale intense dans des environnements de forêts équatoriales humides, avec peu de visibilité, ce qui explique l'importance de pouvoir reconnaître par des vocalises l'identité des individus et de leurs clans.

Le drill ou *Mandrillus leucophaeus* ressemble beaucoup au mandrill, mais en moins coloré. Le mâle a un menton rouge et une face sombre. Le long museau s'orne de jolis bourrelets brillants délimitant une sorte de gouttière centrale. À l'opposé, l'arrière-train exhibe de belles callosités entourées de parties roses, mauves et bleues. Les femelles sont beaucoup plus petites et bien moins colorées.

Les grands mâles mandrills et drills jouent de leur prestance et se montrent jaloux de leurs prérogatives auprès des femelles. Ils ne s'associent pas facilement aux autres, sauf sous la pression des circonstances, (mais jamais de fusion !). Leur belle attitude dépend directement de la beauté et du nombre de leurs femelles. Plus ils en ont et plus ils exhibent leurs brillantes canines, leurs magnifiques toisons et leurs couleurs embellies par tant d'effusions hormonales. Évidemment, cela se paie par un niveau de stress et de testostérone élevé, et des ulcères. Ces choses s'apaisent avec l'âge. Plus distants de tels enjeux, mais pas trop, ils perdent de leur superbe, mais non sans garder quelques privilèges.

Le mandrill et le drill sont deux espèces allopatriques, c'est-à-dire situées sur des territoires séparés et adjacents, en l'occurrence la rivière Sanaga en Afrique centrale. Pourraient-ils s'hybrider ? Rien d'impossible sur le plan génétique et phylogénétique, mais ce serait sans compter sur leurs mœurs. Chez ces superbes singes, les mâles possèdent une taille corporelle au moins deux fois plus grande que celle des femelles, donc un fort dimorphisme sexuel en relation avec l'intensité de la compétition intrasexuelle qui règne entre eux. Pour éviter d'entrer en conflit autour de quelques belles, ils usent de codes et d'avertissements. D'où ces canines formidables, leur mode d'exposition et les bâillements. Traduction éthologique de base : « Touche pas à mes femelles et à ma troupe ou je t'en mets une. » À cela s'ajoutent des comportements rares chez les singes puisque les mâles frottent leur poitrine contre des troncs d'arbres pour marquer leur territoire. De fait, tout le monde maintient ses distances de sécurité.

Les mandrills et les drills sont les plus forestiers des babouins et il n'est pas facile de les suivre ni de bien les observer. Chaque mâle dispose d'un harem avec de nombreuses femelles. Par conséquent, les jeunes mâles attendent longtemps avant d'espérer s'approprier quelques femelles. Cela ne les empêche pas de se regrouper et de se déplacer dans des formations composées de plusieurs dizaines, parfois de plusieurs centaines d'individus. La manifestation de telles troupes se fait aujourd'hui de plus en plus rare et toujours pour les mêmes raisons : le rétrécissement de leurs domaines vitaux, à cause des hommes et aussi des autres singes. Dans de telles situations, la tendance est à la partition radicale, chaque grand mâle gardant son harem.

Quittons l'Afrique centrale et occidentale pour faire un tour chez un autre grand babouin des plateaux, plus au nord et à l'est, le magnifique gelada des hauts plateaux d'Éthiopie. Le *Theropithecus gelada* est la dernière espèce d'une radiation ayant connu un grand succès du temps de Lucy. *Thero* signifie « animal » ou « animal terrible », mais le théropithèque n'a jamais eu mauvaise réputation et ce nom vient certainement de la prestance des mâles et de leurs grands manteaux de fourrure, que certains individus portent parfois un peu négligemment.

Il faut dire qu'il est à rude école. D'abord sur le plan éthologique, puisque le gelada vit en harem avec des femelles toutes apparentées, donc sœurs ou cousines, belles et dominantes, sans aucun doute l'apprentissage le plus précieux pour survivre sur les hauts plateaux herbeux. Ce qui nous amène sur le terrain de l'écologie. À quelques exceptions près, les geladas se distinguent comme l'espèce de singes la plus terrestre tant les arbres sont rares. Le fait qu'ils soient les derniers des théropithèques, survivant dans des conditions écologiques à la limite de l'adaptabilité des singes en général, leur confère une expérience trop rare.

Les mandrills, les drills et les geladas vivent en marge des aires de répartition des grands groupes de singes comme les babouins (*Papio*). Leur distribution géographique d'ouest en est situe les mandrills et les drills le plus à gauche sur une carte de l'Afrique, les geladas plus au centre droit. On a tenté de les confédérer dans un groupe homogène, mais leur histoire évolutive et leur atavisme génétique s'y opposent. Actuellement, les relations phylogénétiques entre les genres *Mandrillus*, *Theropithecus* et *Papio* semblent clairement établies alors que, par maints aspects éthologiques, ils cultivent des différences difficilement conciliables. Ces particularités découlent de leur évolution et expliquent aussi la complexité de leurs relations avec les autres espèces. Si, par définition, des espèces se composent d'individus pouvant se reproduire entre eux, et pas avec des autres espèces, on observe des hybridations avec des individus présentant des caractères morphologiques et comportementaux plus ou moins intermédiaires. Ces hybrides arrivent parfois à séduire des femelles ou des mâles, selon leur sexe, des espèces établies. Mais ces expériences ne perdurent jamais, condamnant ces hybrides à des errances écologiques et éthologiques. Récemment, les observateurs se désespéraient de savoir quand le mandrill se déciderait à sortir du sous-bois. Ce qu'il fit, non sans panache.

CHAPITRE 12

Le gorille ou la question de la droiture

Tout commence dans l'Antiquité et revient par la littérature, en passant par le cinéma. Pour connaître ce magnifique grand singe, le plus d'entre nous les grands humanoïdes, il est fortement conseillé d'être un fin lettré ; une agrégation de latin et de grec étant vivement recommandée, ce qui ne dispense en rien d'un passage à l'École normale d'anatomie (ENA).

On lui colle une vilaine réputation dès les premières rencontres dans les forêts du Gabon au milieu du XIXe siècle ; en tout cas, c'est ce qui se dit dans les cabinets des muséums et des ministères. On l'accuse de briser les corps des hommes qui entrent sur son territoire, de les casser en deux si on n'a pas eu le temps de se soumettre et si on ose le regarder trop franchement dans les yeux. C'est ainsi que naissent les légendes, comme celle d'un monstre libidineux qui enlève les femmes dans les tréfonds de la forêt chaude et humide. Avec une telle réputation, bâtie entre faits et légendes, comment cerner le caractère du gorille dont l'ethos, au sens de comportement, semble avoir évolué et dont l'ethos, au sens d'éthique, apparaît comme une de ses grandes qualités ?

Entre la série des *King Kong* et la chanson de Georges Brassens « Gare au gorille » (1952), tout est faux quant à la violence de ce grand singe, y compris sa libido débridée. Même si la France n'entend pas grand-chose en éthologie, en général, et en singes, en particulier, il faut rappeler que cette science du comportement fut définie par Isidore Geoffroy Saint-Hilaire – le fils d'Étienne – en 1854, celui-là même qui donna son nom officiel au gorille en 1852 : *Gorilla gorilla.*

En cette décennie 1850, le gorille excite la communauté scientifique. Les muséums d'histoire naturelle se disputent les premiers spécimens gentiment abattus pour la gloire de l'anthropologie naissante. Les Américains tirent les premiers avec Thomas Savage et Jeffries Wyman qui expédient un spécimen au muséum de Boston en 1848 et ils lui donnent le nom *Troglodytes gorilla.* Ce sont eux qui ressortent cette vieille histoire des *Gorillii* ou « hommes velus » du navigateur carthaginois Hannon au ve siècle avant J.-C. Pendant ce temps, un autre spécimen voyage vers la France. Le chirurgien de bord s'efforce de conserver le corps, mais il ne dispose pas d'assez d'alcool (cette évaporation hauturière n'a toujours pas été élucidée). Le corps du gorille arrive à moitié confit d'un côté et à moitié décomposé de l'autre au port de Lorient où Isidore Geoffroy Saint-Hilaire vient l'accueillir. Après étude, il en fait un nouveau genre et espèce qu'il nomme *Gorilla gorilla.* Quand on sait que la spécialité scientifique de ce grand savant est la tératologie – l'étude des monstres –, on peut dire que le gorille tombe entre de bonnes mains, mais, si l'anatomie est au rendez-vous, où est passée l'éthologie ? (La tératologie est à la morphologie ce que la politologie est à l'éthologie ; à chacun ses monstruosités.)

Notre gorille est au cœur des affaires internationales, entre les rivalités et les coopérations des scientifiques de cette époque : le Franco-Américain Paul Belloni du Chaillu, les Américains Savage et Wyman, le missionnaire John Leighton Wilson, le chirurgien de marine Gautier-Laboullay, etc. Si ce dernier avait été de Bordeaux, le gorille embarqué pour Lorient aurait baigné dans de meilleurs fûts. On ne refait pas l'histoire et si la rencontre entre la France et le gorille commence bien, elle se ternit très vite.

Le plus grand des hominoïdes se taille un joli succès littéraire dans la collection « Série noire » avec les aventures de Géo Paquet, l'as des services secrets français dit le « gorille », sous la plume d'Antoine-Louis Dominique. L'auteur, de son vrai nom Dominique Ponchardier, est un héros de la résistance et un des membres du RPF – ancêtre du RPR – fondé par le général de Gaulle avec Jacques Soustelle, André Malraux, Jacques Chaban-Delmas… Lui-même agent actif des services secrets, il invente le terme de « barbouze ». Le premier livre d'une longue suite s'intitule *Le gorille vous salue bien*, publié en 1954. Le troisième épisode, *La Valse du gorille*, est adapté au cinéma par Bernard Borderie en 1958 avec Lino Ventura. Exactement à la même époque, Ian Fleming publie *Casino Royale*, le premier livre des aventures de James Bond 007, inspirées de la vie d'un agent double de la Seconde Guerre mondiale. Le succès tarde jusqu'à ce que sorte le film *James Bond contre Dr No* de Terence Young en 1962. Bien qu'écossais, Sean Connery n'a rien d'un gorille – le seul gorille connu au pays des fantômes est celui de *L'Ile noire* des aventures de Tintin – ; quant à Lino Ventura, on connaît sa gentillesse et son talent de gorille dans *Les Tontons flingueurs* (1963) et *Les Barbouzes* (1964) de Georges Lautner, pendant que James Bond nous envoie ses *Bons Baisers de Russie* avec Terence Young en 1963 et nous éblouit en 1964 avec *Goldfinger* de Guy Hamilton. À ne pas confondre avec William Hamilton qui publie cette même année 1964 « The Genetical Evolution of Social Behavior » dans le *Journal of Theortical Biology* (n° 7). L'article est fondateur de la sociobiologie, mais il nous faut souligner, une fois de plus, que l'inventeur de ce terme est le Français Alfred Espinasse dans son livre *Des sociétés animales. Étude de psychologie comparée* (1878). Comme pour l'éthologie, ce sera pour les Anglais. Sean Connery contre Lino Ventura : le choc de deux visions du monde entre la France et l'Angleterre, comme pour les théories de l'évolution, surtout quand il s'agit de l'homme et des grands singes.

Mais revenons à *La Valse du gorille*. Dans cette intrigue palpitante, de vilains espions étrangers volent les secrets de la bombe atomique française. Le « vieux », le chef des services secrets français, le charge de cette mission périlleuse. Notre héros national, tout aussi efficace avec la blanquette de veau que James Bond avec ses gadgets, finit par les reprendre. C'est grâce à lui que les essais nucléaires français ont pu se faire jusqu'en 1996, malgré un moratoire international. Le gorille assume, avant de se faire balayer par un remaniement organisé par un hamadryas aux dents longues – les hamadryas et les gorilles vivent dans les mêmes forêts d'Afrique de l'Ouest, sans oublier quelques reniements du « vieux ». Le gorille encaisse, bien campé sur ses phalanges. C'est toute la noblesse de ce grand singe dont les mœurs ont été révélées par la Canadienne Dian Fossey.

C'est grâce au film de Michael Apted de 1988 consacré à l'aventure scientifique de Dian Fossey que les gorilles sont sortis, en effet, des brumes d'ignorance et de légendes. On découvre les gorilles des montagnes du Rwanda et leurs mœurs plutôt pacifiques. Le plus grand des primates actuels se révèle un paisible végétarien vivant en harem avec un mâle à grand dos gris entouré de quelques femelles, les gorillettes. Il arrive que deux mâles soient présents, dans ce cas un père et son fils, sachant que ce dernier aura à partir un jour ou l'autre en cas de tension, ce qui ne manquera pas d'arriver. Alors il passe par une phase solitaire. S'il a de la chance, il rencontre une nouvelle femelle. Sinon, il rejoint d'autres mâles qui attendent la meilleure opportunité pour évincer un dos gris et accaparer ses femelles. Dans ce jeu, les femelles ne se laissent pas faire. Après un temps, elles choisissent de rejoindre un autre parti si le dos gris ne se montre plus à la hauteur de leurs espoirs et de leurs désirs.

Le gorille se retrouve au cœur de la tragédie du Rwanda au milieu des années 1990. Ferme et déterminé à intervenir, il peine à faire valoir sa force tranquille. Les hommes se déchirent entre eux, mais dans cet effroyable tumulte, les belligérants épargnent les populations de gorilles en raison de l'alliance entre les rangers du Rwanda, du Burundi et du Zaïre en charge de leur protection. Seuls les gorilles ont préservé un semblant d'humanité dans ce champ d'horreur cultivé par la folie des hommes.

La franchise et la fidélité se paient trop souvent au prix fort dans les sociétés des hommes. On l'accuse de tout, comme récemment d'être le réservoir du paludisme. Si on se réfère à l'œuvre de Ponchardier, c'est *Le Gorille chez les Mandingues* (« Série noire », n° 297, 1956), en référence à une grande ethnie d'Afrique de l'Ouest, là où furent découverts les premiers gorilles. (Il s'agit d'une histoire de trafic de diamants et, bien que publiée en 1956, on en connaît plusieurs versions plus ou moins officielles depuis.) Comme toujours dans ces affaires de contagion, on considère que ce sont les grands singes qui refilent leurs saloperies aux hommes – les chimpanzés et le sida par exemple – sans jamais se demander si on ne les aurait pas infectés. Rien de nouveau sur la planète des hommes, il faut un bouc émissaire et, en l'occurrence, un gorille.

C'est pareil avec le terrible virus Ebola. Il n'y a pas encore si longtemps des harems de gorilles des plaines avaient pour habitude de se retrouver dans une grande clairière humide au cœur de la forêt du Congo. La concentration inhabituelle d'individus a favorisé la diffusion d'Ebola avec pour conséquence la disparition de 90 % des gorilles, comme par dissolution subite.

Ce qui frappe tout de même, c'est la résilience du gorille. Il s'éloigne un temps dans un pays froid pour se refaire une santé (*Le Gorille au frigo*, « Série noire », 382, 1957), avant de revenir dans un grand port au bord de l'eau (*Le Gorille en bourgeois*, « Série noire », 292, 1956) et de se faire blackbouler par les bobos de la cité (*Le Gorille et les pelouseux*, « Série noire », 397, 1957). Puis il revient avec les printemps arabes (*Couscous gorille*, « Série noire », 327, 1956). Il n'est pas facile d'avoir *La Peau du gorille* (« Série noire », 563, 1957) et, même si on le connaît de mieux en mieux, reste à savoir si *Le Gorille a du poil au cœur* (« Série noire », 494, 1959).

Les tumultes récents chez les singes et les grands singes confrontés à des enjeux de pouvoir dans les forêts primaires et postprimaires ont de nouveau orienté les regards vers le gorille. Mais le gorille en a assez de ces valses hésitations qu'on lui impose, sans parler de son irritation face aux déviances à la King Kong. Alors gare au gorille ? Certainement pas. Ce qu'il veut, c'est qu'on lui foute la paix une bonne fois pour toutes. À chacun de régler ses problèmes, ce dont il s'acquitta en d'autres temps.

CONCLUSION

De l'évolution des mœurs sociales et politiques chez les singes

Au fil de ce parcours choisi parmi quelques espèces de singes et de grands singes, nous avons touché à des questions trop longtemps considérées comme exclusivement humaines. Dans ce choix arbitraire qui a été fait, est-ce que d'un point de vue strictement évolutionniste certaines espèces se montrent plus associées à certains aspects adaptatifs et sociaux que d'autres ? Autrement dit, est-ce que leurs caractéristiques sont limitées par un héritage commun qui se maintiendrait avec quelques variations au cours de leur évolution (contraintes phylogénétiques) ou, au contraire, est-ce qu'elles présentent une adaptabilité au niveau des individus et des groupes qui autorise une plus grande souplesse ?

Il y a deux façons de décrire les relations entre les espèces, celle qui s'appuie sur les relations de parenté et celle qui s'intéresse aux adaptations partagées. La première, la seule pertinente d'un point de vue évolutionniste, reconstitue les liens phylogénétiques entre lignées à partir du plus grand nombre de caractères dérivés ou évolués partagés, principalement à partir des gènes et de l'anatomie. Les comportements et les critères sociaux interviennent rarement dans ce type d'approche, à moins de postuler un déterminisme génétique puissant comme chez les partisans, encore trop nombreux, du singe-machine. Inversement, on peut adopter une analyse phénotypique qui privilégie des facteurs comportementaux ou écologiques. Dans un cas, on met en évidence les homologies – les caractères hérités d'un même ancêtre commun – et leurs évolutions respectives selon les lignées qui en sont issues ; dans l'autre, on recherche plus les analogies – les caractères adaptatifs – acquises par parallélisme ou convergence.

Prenons l'exemple des hommes et des chimpanzés (que nous découvrirons plus en détail dans la partie suivante). Dans la nature, d'un point de vue strictement phylogénétique, les deux espèces de chimpanzés actuels – le chimpanzé robuste, *Pan troglodytes,* et le chimpanzé gracile, *Pan paniscus* (ou bonobo) – sont phylogénétiquement les plus proches : ce sont des chimpanzés, ce sont des espèces sœurs ! Toujours dans la nature actuelle vient ensuite, comme espèce la plus proche, *Homo sapiens*, autrement dit nous. Chimpanzés et bonobos se positionnent logiquement comme des cousins de même degré par rapport à nous, ces relations de parenté étant fermement établies. Et pourtant, on ne cesse d'entendre et de lire, affirmation parfaitement erronée, que les bonobos seraient plus proches de nous. Pourquoi ?

Les personnes qui soutiennent cette gentille idée regardent les bonobos avec des yeux de Chimène, pour ne pas dire chimériques. Ces gentils bonobos manifestent des comportements aimables que nos sociétés, décidément trop peu policées, souhaiteraient voir se développer. Le mythe du bon sauvage cher à Jean-Jacques Rousseau n'est pas loin. Hélas, d'une certaine façon, il n'en est rien. Ce qui veut dire, *a contrario*, que les chimpanzés et leurs mœurs de brutes nous ressemblent davantage, sans être pour autant plus phylogénétiquement plus proches de nous.

Voici quelques caractères comportementaux et sociaux des bonobos, des chimpanzés et des hommes. Ces trois espèces vivent dans des sociétés multifemelles/multimâles et, à l'inverse de toutes les autres espèces de singes connues, dont celles présentées dans cette première partie, avec des mâles qui ne quittent pas leur troupe natale, tandis que les femelles s'en vont à l'adolescence.

	Chimpanzés	**Bonobos**	**Hommes**
Relations entre mâles	très fortes	faibles	fortes
Relations entre femelles	faibles	très fortes	modérées
Violence envers les femelles	modérée	très faible	très forte
Dominance	mâles	femelles	mâles
Agressivité	forte	faible	forte
Violence	moyenne	faible	forte
Comportements politiques	importants	faibles	intenses
Guerre	importante	faible	intense
Chasse	fréquente	rare	intense
Usage d'outils	important	modéré	constant

Comme on le voit dans ce tableau ci-dessus, l'intensité des « relations entre mâles » chez les chimpanzés et les hommes, tout comme l'intensité des « relations entre femelles » chez les bonobos, indique les formes de coalition – respectivement, la « dominance » des mâles ou des femelles. Si on s'intéresse aux chimpanzés et aux hommes, ces groupes de pouvoir constitués par les mâles s'accompagnent de plus d'« agressivité » et de « violence » au sein du groupe ou entre les groupes. La « chasse » fait partie de leurs manifestations, tant elle resserre les liens entre ses acteurs. En revanche, quand le pouvoir échoit aux femelles, comme chez les bonobos, les mœurs s'en trouvent beaucoup plus apaisées.

Ces trois espèces actuelles proviennent d'un même ancêtre commun qui vivait en Afrique il y a environ 5-7 millions d'années. Il y a de fortes chances pour que cet ancêtre ait plus ressemblé, sur le plan comportemental et social, aux chimpanzés, pour le meilleur et, surtout, pour le pire (« violence »). Quant aux bonobos, leurs ancêtres récents ont connu un coup d'État des femelles, et ce malgré le handicap de devoir quitter leur groupe natal à l'adolescence. S'il y a des contraintes phylogénétiques, il n'y a pas de fatalité naturelle ou culturelle non plus. Et, comme nous le verrons dans la partie suivante, ces évolutions dépendent principalement de la qualité des individus, de leur habileté sociale et des traditions communautaires.

Retour chez les autres singes. Reprenons cette analyse dans une perspective plus large avec les espèces que nous avons décrites dans cette partie. L'arbre ci-dessous donne leurs relations phylogénétiques. De gauche à droite, d'un point de vue phylogénétique et non pas phénotypique, on trouve le groupe des singes verts et celui des cercopithèques africains. Ensuite, on a celui des babouins au sens large, avec, toutefois, une incertitude en ce qui concerne la proximité des mandrills et des drills soit avec les autres babouins, soit avec les cercopithèques. Les macaques, les entelles, les gibbons et les orangs-outangs sont des espèces asiatiques, souvent sympatriques, mais nettement séparées d'un point de vue phylogénétique (ainsi l'orang-outang d'Asie se montre bien plus proche du gorille d'Afrique). Enfin, on trouve les deux espèces sud-américaines, les capucins et les hurleurs. Même sans être habitué à ce genre d'analyse, on constate que les relations phylogénétiques et géographiques ne se correspondent pas et, comme nous allons le voir, il en va de même pour les mœurs sociales.

Les classifications phylogénétiques présentent l'avantage de s'appuyer sur des caractères génétiques ou à fort déterminisme génétique. De tels caractères ne sont accessibles que depuis peu de temps, comme les méthodes d'analyse et les logiciels utilisés (Hervé Le Guyader et Guillaume Lecointre, *Classification phylogénétique du vivant*, Belin, 2008). Si on se plaît à relire les grands naturalistes du XVIIIe siècle, à l'instar de Linné, Buffon et d'autres, on tombe sur des classifications souvent très différentes basées sur les provenances géographiques (mais pas toujours puisqu'on a longtemps mis ensemble les chimpanzés et les orangs-outangs) et sur l'anatomie squelettique. Rien ou presque n'était connu à l'époque de leurs comportements et de leurs systèmes sociaux. Et c'est ce dont nous allons tenir compte dans ce qui suit.

Que devient cet arbre phylogénétique si on adopte des critères comme la gouvernance, l'écologie, les relations entre les sexes, la culture, la migration, etc. ? Est-ce qu'il se dégage une classification cohérente associant systématiquement des faisceaux de caractères ? Ce genre d'exercice, qui comporte une part d'arbitraire parfaitement assumée, révèle de grandes tendances adaptatives qui éclairent l'apparente confusion des contraintes phylogénétiques, des convergences et des parallélismes qui échappent parfois au bon sens commun.

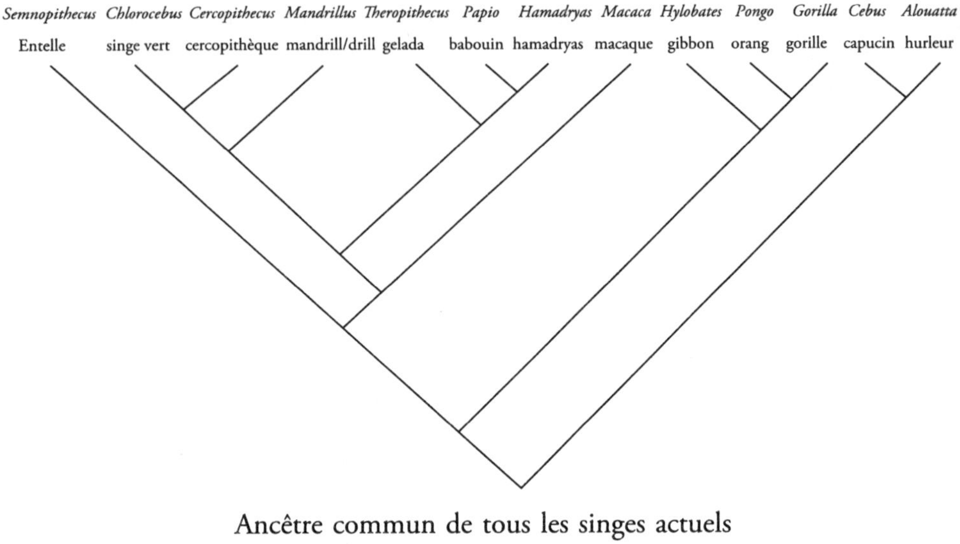

Fig. 1. Relations de parenté, ou évolutives, entre les espèces présentées
Ces relations phylogénétiques, ou de parenté, sont données par la systématique moléculaire et l'anatomie (ou classifications fondées sur les ressemblances à partir des caractères génétiques et anatomiques). C'est la classification naturelle qui exprime une histoire naturelle, autrement dit l'évolution des singes ou anthropoïdes ou simiiformes.

De la gauche vers la droite, le deuxième arbre des singes, l'arbre phénotypique présenté ci-dessous, prend une allure bifide avec deux grosses branches, une à gauche et une à droite. Il n'y a pas de branche centrale, ce qui est une conséquence des méthodes d'analyses dites « cladistiques », qui mettent en évidence des clades, ou lignées, nettement séparés. Une telle partition étonne puisqu'on constate une polarisation de gauche à droite qui suit un gradient assez régulier. On part, à l'extrême gauche, de la prépondérance de l'environnement social, puis naturel, et on glisse, de gauche à droite, à l'importance du groupe social, de la famille, de l'individu et, finalement, du gène. On observe donc une dichotomie de la classification à la base de l'arbre tandis que sa couronne présente un continuum. Comme s'il y avait des espèces de singes irrémédiablement « de gauche » et « de droite ». Pour s'y retrouver, les évolutionnistes distinguent les taxons dits « de racines », les branches de l'arbre, et les taxons de couronne tels qu'ils se présentent actuellement.

Cette double analyse permet de dégager des convergences et des divergences adaptatives chez des espèces nettement séparées par leur histoire naturelle. Les contraintes phylogénétiques imposent un jeu des possibles qui, lui-même, évolue puisque la fréquence relative des gènes change d'une génération à l'autre en fonction du succès reproducteur différentiel des individus d'une population. Par ailleurs, ce succès reproducteur individuel différentiel dépend d'une pluralité de facteurs, liés à la sélection naturelle (résistance aux parasites et aux maladies, tolérance aux nourritures, capacité d'échapper aux prédateurs, etc.), aux aptitudes individuelles (compétences sociales, empathie, égoïsme, entraide, altruisme, etc.), à la sélection sexuelle (capacité de séduction, choix des partenaires, protection, soins parentaux, etc.) ou encore à la chance. En évoquant la multiplicité des facteurs, on va du niveau des gènes à celui de l'environnement en passant par les conditions sociales. La devise de l'évolution pourrait donc se résumer ainsi : ni gène ni environnement, mais un jeu d'interactions complexes entre l'expression possible des gènes et les facteurs sociaux et écologiques.

L'arbre phénotypique donne des divergences et des convergences étonnantes par rapport à l'arbre phylogénétique. Par exemple, malgré un passé migratoire commun, les deux espèces sud-américaines, les capucins et les hurleurs, se séparent radicalement en termes de gouvernance, de communication ou de tolérance envers les autres espèces. Elles divergent également

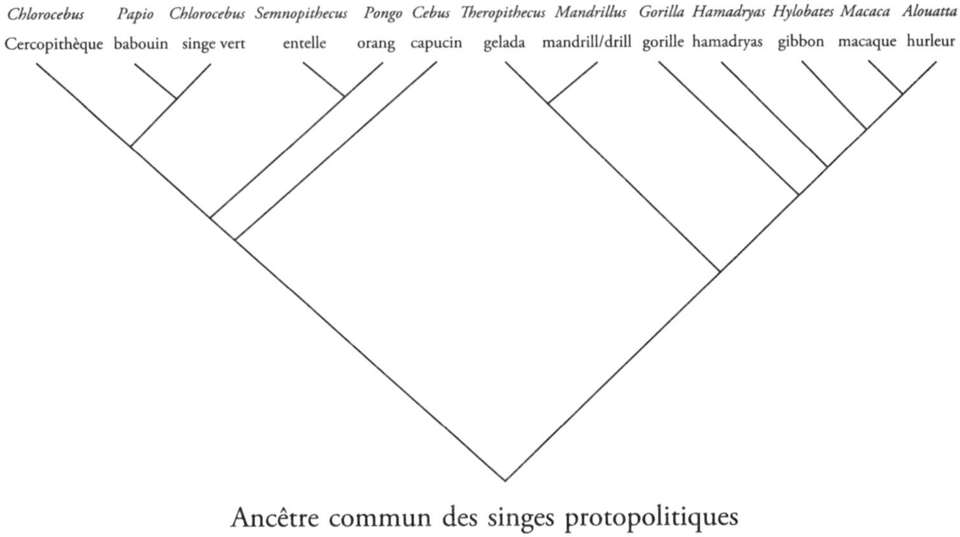

Fig. 2. Espèces sélectionnées en fonction de leurs affinités sociales et comportementales
Ces relations de proximité entre les espèces présentées s'appuient sur les comportements et les ressemblances éthologiques. On parle de classification phénotypique, car fondée sur des caractères adaptatifs sélectionnés arbitrairement, comme cet arrangement de la gauche vers la droite. Les différences de position entre les espèces entre les deux arbres démontrent, s'il en est besoin, que les relations entre génétique et comportements sont loin d'être univoques, bien que des relations identiques se maintiennent entre les deux arbres.

par le rapport qu'elles entretiennent au changement, et aussi par tout ce qui a trait à l'entraide, l'empathie et la solidarité, puisque l'on a, d'un côté, une éthique du partage chez les capucins et, de l'autre, un refus déclamé haut et fort de partager chez les hurleurs.

La branche de gauche de l'arbre phénotypique se caractérise par une forte sensibilité socio-écologique, mais non sans divergence importante suivant que domine la composante écologique ou sociale. Les deux espèces les plus à gauche, les cercopithèques et les babouins, se caractérisent en effet par une tendance à privilégier l'environnement social, avec peu de considération pour l'environnement naturel. C'est d'ailleurs le seul comportement par défaut, en quelque sorte, qui rapproche les cercopithèques et les babouins. Il faut y voir un héritage de leur ancêtre commun, ancêtre à partir duquel ils n'ont cessé de diverger, parfois par de petites différences dont le caractère adaptatif échappe aux évolutionnistes. Chez ces deux espèces, toutefois, l'individu et l'environnement naturel importent moins et le système social imprime sa dominante à l'expression génétique. Ici ni contrainte du gène ou de l'histoire de l'espèce, ni limitation de l'environnement. De fait, la survie de ces deux espèces devient de plus en plus problématique en regard des changements récents de l'environnement.

À l'inverse, les singes verts, qui se situent eux aussi dans le groupe de gauche, se comportent différemment, puisqu'ils sont sensibles aux variations de leur habitat. Leur apparente plasticité écologique, liée à la diversité des sous-espèces et des populations, ne s'accorde donc pas facilement avec le comportement des espèces les plus proches sur leur gauche. On peut également s'étonner quelque peu de leur rapprochement phénotypique avec les entelles, plus à droite, qui sont des singes d'Asie. Les primatologues savent qu'il faut prendre des précautions prophylactiques quand on met en présence des espèces africaines et asiatiques ; les risques proviennent de leurs histoires naturelles respectives. Toutefois, ces précautions étant prises, il arrive que de telles espèces présentent des convergences socio-écologiques, mais sans hybridation possible tant leurs divergences phylogénétiques demeurent irréductibles.

Les entelles présentent une assez grande diversité, avec des adaptations selon les espèces qui les portent plus près des campagnes ou des villes. Un tel spectre adaptatif est propice aux divergences. Les populations les plus proches des espèces socio-écologiques, plus à gauche, ne s'accordent pas toujours avec les populations proches des orangs-outangs, plus à droite. Ces derniers s'inscrivent dans une autre tradition en raison, là aussi, d'héritages phylogénétiques profonds. Même si on les retrouve dans les mêmes forêts, les entelles et les orangs-outangs maintiennent leurs particularités écologiques, ce qui autorise leur coexistence sympatrique. Toutefois, si les ressources viennent à se raréfier, leurs différences génétiques les poussent à diverger.

Enfin vient l'espèce la plus à droite de la branche de gauche, celle des capucins d'Amérique du Sud. Ces singes du Nouveau Monde ont surgi d'un coup grâce aux connaissances récentes faites à la fois sur le terrain et en laboratoire. Étonnante tout de même l'incursion de ces petits singes très intelligents, à l'allure juvénile, qui portent en eux les fondements naturels de l'économie dans un contexte où ces questions s'opposent souvent aux considérations socio-écologiques !

Notre arbre phénotypique nous fait sauter, tels des singes, de la branche de gauche à la branche de droite. Évidemment, si on manque son saut, on se retrouve au sol et au centre, une niche écologique fréquentée occasionnellement par diverses espèces qui, rapidement, se préoccupent de grimper soit sur la branche de gauche, soit plus souvent, comme on l'a observé, sur celle de droite.

La grosse branche de droite se caractérise par une tendance à privilégier l'histoire, la famille, voire l'individu et le gène. Mais l'analyse phénotypique révèle de grandes disparités nonobstant les relations phylogénétiques. La partie près du centre comprend des espèces terrestres assez peu connues, qui présentent de fortes affinités avec leurs terroirs. Comme on l'a vu, les mandrills et les drills gravitent au sol dans les forêts tropicales. Le drill cultive ses particularités sans trop jamais se mettre à découvert. Quant au mandrill, ce singe sphinx au museau cocardier qui mesure ses apparitions avec circonspection, il se maintient proche du centre avec panache. Il jouit d'une vision particulière qui le favorise au gré des opportunités, avec deux yeux de couleurs différentes – ou vairons, qui dérive de *vaire* dont une variante se dit *bayre* en gascon. Une adaptation fort utile quand le vent souffle, secouant et écartant les deux grosses branches de gauche et de droite. Et comme on le sait dans les forêts tropicales, dès que la lumière du soleil atteint le sol, la végétation opportuniste se développe rapidement. Reste que sa survie dépend avant tout de son aptitude à se raccrocher rapidement à l'une ou l'autre branche.

Un peu plus à droite de notre arbre phénotypique, on rencontre les geladas des steppes des hauts plateaux d'Éthiopie. Aux dernières nouvelles, ce genre qui, par le passé, a connu une expansion hors d'Afrique, les amenant jusqu'en Asie occidentale, expliquant leurs relations avec les macaques, s'est recroquevillé sur ses fondements africains. Qui sait, une nouvelle expansion est peut-être en vue, favorisée par les changements d'environnement, tant ces admirables singes font montre d'une énergie infatigable dans les situations écologiques et sociales difficiles.

Toujours plus à droite, voilà le grand groupe des macaques. Ces singes souvent caractériels oscillent au gré de leurs humeurs, un temps penchant vers les geladas et les mandrills, mais revenant, non sans excès parfois, vers les gibbons et même les hurleurs, tout à droite. Ces fluctuations erratiques chez les macaques compliquent la position du gorille, un peu plus à gauche. Par ailleurs, ce dernier a des relations connues avec l'hamadryas, donc plus vers le centre, tout en restant assez proche du gibbon d'un point de vue phylogénétique sur sa droite, mais viscéralement incompatible avec le hurleur à l'extrême droite. Franchement, pas facile de s'y retrouver à cause des macaques, surtout à cause du facteur stochastique rhésus oscillant de gauche à droite, mais penchant résolument du côté droit selon son inclinaison naturelle, telle une toupie, ce que les éthologues anglo-saxons nomment *left-right factor* ou facteur LR.

Toujours en allant plus à la droite, et jusqu'à l'extrême droite de l'arbre, on rencontre des espèces aux relations phylogénétiques qui témoignent d'histoires aussi particulières qu'anciennes. Néanmoins, quelques caractères phénotypiques les rapprochent comme un sens affirmé de la famille, une tendance au népotisme et à l'autorité, ainsi que des modes de communication très élaborés. Si les hamadryas gardent leur superbe, on ne les entend plus guère. Il en va autrement du gibbon dont on parle abondamment, louant parfois son aptitude à s'accrocher coûte que coûte aux dernières branches de cette partie à droite de l'arbre dont l'orientation le soumet à des coups de vent destructeurs. Enfin, les hurleurs manifestent, eux aussi, une grande aptitude à se maintenir et savent profiter des secousses subies par les espèces immédiatement plus à gauche pour s'étendre dans la canopée. Les macaques, les gibbons et les hurleurs se disputent cette partie de l'arbre au gré des vents ascendants et descendants. Une particularité étonnante à noter chez les hurleurs à propos de leur vision : on a vu, c'est le cas de la dire, que chez certains singes d'Amérique du Sud, les femelles voient en couleur et pas les mâles. Cela explique une énigme longtemps non résolue dans un groupe ancestral dans lequel les mâles se prévalaient d'un modèle de référence athlétique et blond qui faisait fureur alors que leur chef était petit, chétif et brun. Dans cet exemple, comme dans d'autres, on apprécie le pouvoir heuristique de la primatologie pour éclairer des questions restées trop longtemps sans véritable explication. La conviction encore trop répandue d'un déterminisme génétique à la fois égoïste et élitiste ne résiste pas non plus à l'analyse éthologique. Les caprices des gènes ne garantissent pas une bonne perception du monde.

Ce double regard, à la fois phylogénétique et phénotypique, nous offre une dialectique analytique puissante pour ce qui apparaît contradictoire si on se limite à l'une ou l'autre approche. L'adaptation ne repose ni exclusivement sur le déterminisme génétique, ni sur les seules contraintes de l'environnement. L'adaptation est toujours un compromis !

Reste une dernière question à appréhender : les associations opportunistes entre différentes espèces. Il y a quelques années, on a observé quelques orangs-outangs coopérer avec des macaques dominants, mais cela a profondément déplu aux espèces à gauche comme à droite de l'arbre. Les associations apparaissent plus fréquentes dans chaque partie du second arbre ; elles sont certes plus naturelles, mais, néanmoins, soumises aux circonstances des causes immédiates. Récemment, on a ainsi vu des singes verts se lier avec des entelles, entelles qui n'arrivent pas à s'entendre avec les babouins, pourtant phylogénétiquement plus proches. De même, l'hamadryas a surpris les primatologues en se rapprochant du capucin dont les distances phylogénétiques sont considérables tant l'un est de l'Ancien Monde et l'autre du Nouveau. Mais les vents qui secouent l'arbre ménagent peut-être d'autres surprises, le gibbon s'accrochant tant qu'il peut, alors que le gorille serait susceptible de sortir du bois pour rejoindre le gelada des steppes (même si on peut en douter, car le gorille reste fidèle à ses principes). De telles opportunités coévolutives ne laissent pas de nous surprendre. Mais, d'un point de vue strictement primatologique, tout cela procède des processus les plus courants de l'évolution chez les singes. Il est temps maintenant de s'intéresser aux origines d'*Homo politicus* en allant chez les chimpanzés, les bonobos et les hommes.

DEUXIÈME PARTIE

Machiavel chez les chimpanzés

Aborder la question des origines de la politique renvoie forcément aux philosophes de la Grèce classique et à la conduite de la cité. Hors de la cité sévissent les barbares et les sauvages. Pour Aristote, l'homme est un animal politique. Lui qui connaissait si bien les animaux en son temps, dont de rares espèces de singes comme certainement les magots, les hamadryas et les babouins, n'a jamais affirmé que seul l'homme était animal politique. Cette question ne se pose pas en son temps. Et qu'aurait-il écrit s'il avait connu les chimpanzés (*Pan troglodytes*), lui qui connaissait le dieu Pan ?

La pensée grecque classique s'appuie sur un anthropocentrisme très marqué qui se retrouve parmi les dieux de l'Olympe, tous d'apparence humaine. La mythologie décrit les premiers temps du monde comme peuplés de monstres hybrides composés de parties provenant de différents animaux, dont l'homme. Ce grand désordre cosmologique finit par trouver sa rationalité, Ulysse et Hercule, en bons mercenaires des dieux, ayant raison des derniers monstres par la ruse et la force. Cependant, parmi toutes les divinités humaines de l'Olympe nourries de toutes les passions humaines se trouve Pan.

Les origines de Pan se revendiquent de toutes les paternités parmi les dieux et les divinités les plus importantes. Il se présente comme un bouc dressé sur ses jambes arrière. Parfois, il ressemble à un beau jeune homme, ses cornes discrètes étant alors dissimulées par sa chevelure. Ces variations entre la bestialité et l'éphèbe dépendent de ses affinités changeantes avec Dionysos et Hermès. Pan est le dieu protecteur des bergers, celui aussi des forêts, grand séducteur des nymphes et fort à l'aise en compagnie des satyres. Il signifie aussi le « tout », celui qui rassemble mais aussi celui qui fait paniquer.

Le nom « chimpanzé » apparaît dans la littérature européenne au milieu du XVIIIe siècle. Il dérive de langues africaines vernaculaires pour désigner de « faux hommes ». Après bien des vicissitudes étymologiques et taxonomiques, le chimpanzé reçoit le nom scientifique *Pan troglodytes* d'après le dieu Pan et les hommes habitant dans les grottes, les troglodytes. On ne pouvait pas mieux faire pour l'introduire dans le monde des humains, entre forêts et cavernes, avant qu'il ne trouve sa place autour de nos origines grâce à la paléoanthropologie. On a clamé « la mort du grand Pan », expression ouverte à tant d'interprétations de Plutarque à Georges Brassens, avec l'affirmation d'une théologie chrétienne qui combat la pluralité des dieux et des exégèses (« pan » se retrouve dans « paganisme » et « panthéisme ») et la volonté de contrôler la sexualité et ses plaisirs. Et voilà que Pan revient par la politique.

Dans cette deuxième partie, nous allons aborder les origines naturelles de la politique en partant de la définition de l'animal politique (*zoon politikon*) donnée par Aristote. Nous reprendrons différents éléments pour constater que les chimpanzés répondent en tout point à cette définition. Pas de panique ! Il ne s'agit aucunement d'une attaque de la pensée du grand philosophe naturaliste. Encore moins d'un stupide exercice qui consisterait à railler la philosophie à partir des connaissances actuelles. Ce serait aussi ridicule que non fondé d'un point de vue épistémologique. Aristote ne s'est pas trompé, sauf qu'il ne connaissait pas les chimpanzés.

Alors comment se comportent les chimpanzés ? Les activités politiques de ces grands singes sont de mieux en mieux connues depuis plus d'une trentaine d'années, notamment grâce aux publications de l'éthologue Frans De Waal (et aussi par mes ouvrages et mes films !). Nous partirons du philosophe grec pour revisiter les grands textes comme le *Léviathan* de Hobbes et *Le Prince* de Machiavel. Les situations rencontrées dans diverses communautés de chimpanzés et à travers le portrait de vraies personnalités politiques dévoilent les fondements dits naturels de la politique. L'expression est inappropriée tant il s'agit d'une évolution sociale et culturelle, mais elle nous permettra d'aborder des questions très sensibles comme celle de la domination masculine en politique (qui est bien un fait de culture et pas de nature contrairement à ce que soutiennent trop de thèses en sciences humaines).

En quoi les chimpanzés peuvent-ils donc nous instruire sur les mœurs politiques actuelles ? Si les éthologues scrutent les arcanes de la politique chez les chimpanzés, que pourrait nous dire un observateur chimpanzé des attitudes et des acteurs politiques actuels ? Par-delà les commentaires des politologues les plus avisés, il manque indubitablement une analyse éthologique de nos femmes et surtout de nos hommes politiques. Et il y a sans aucun doute des leçons à tirer de ce que pourrait être une analyse des jeux de la politique actuelle sur un petit air joué sur une flûte de Pan…

Aucune des espèces de singes présentées dans les chapitres qui précèdent ne fait de la politique, même si on rencontre en leur sein des relations de pouvoir, de dominance, des coalitions, des conflits et diverses questions sociales, écologiques ou économiques, comme nous l'avons montré précédemment. Alors, même si les sociétés humaines partagent ces problématiques avec telle ou telle espèce de singes, en quoi sont-elles, avec celles de chimpanzés, douées de politique ?

CHAPITRE 1

Au commencement était la philosophie

Si on en croit Aristote (*Politique*, 1, 2), « il est manifeste à partir de cela que la cité est une chose naturelle et que l'homme est par nature un animal politique, et que celui qui est hors cité, naturellement bien sûr et non par le hasard des circonstances, est soit un être dégradé soit un être surhumain [...]. Car un tel homme est du coup naturellement passionné de guerre, étant comme un pion isolé au jeu de trictrac.

C'est pourquoi il est évident que l'homme est un animal politique plus que n'importe quelle abeille et que n'importe quel animal grégaire. Car, comme nous le disons, la nature ne fait rien en vain ; or seul parmi les animaux l'homme a un langage. Certes, la voix est le signe du douloureux et de l'agréable, aussi la rencontre-t-on chez les animaux ; leur nature en effet est parvenue jusqu'au point d'éprouver la sensation du douloureux et de l'agréable de se les signifier mutuellement. Mais le langage existe en vue de manifester l'utile et le nuisible et, par suite aussi, le juste et l'injuste. Il n'y a en effet qu'une chose qui soit propre aux hommes par rapport aux autres animaux : le fait que seuls ils ont la perception du bien et du mal, du juste et de l'injuste et des autres notions de ce genre. Or avoir de telles notions en commun, c'est ce qui fait une famille et une cité. »

Première remarque d'ordre épistémologique : cette définition se base sur la conviction et non sur la démonstration. Elle fait appel à la raison, à l'évidence admise, à ce qui est manifeste. Elle repose sur le *logos*, fait intervenir le langage, la narration et la logique, mais ne fait pas appel à la démonstration au sens scientifique du terme. En science, il faut impérativement vérifier les assertions. Toute assertion doit se soumettre à l'épreuve des observations et des faits ; elle n'est vraie tant que l'on n'a pas réussi à la réfuter. Ici le texte est écrit selon une logique qui vise à asseoir une proposition déjà acceptée : « il est manifeste que… » ; « il est évident que… » ; « le fait que… », mais sans aucune connaissance des autres peuples et encore moins des autres espèces. Notre propos n'est pas de désavouer Aristote du haut des connaissances scientifiques acquises récemment. Ce serait d'un crétinisme anachronique abyssal et injustifié d'un point de vue épistémologique. Bien au contraire, ce qui suit s'inspire d'une approche que le grand philosophe connaisseur des animaux aurait certainement adoubée. Reprenons les principaux éléments de ce texte qui nous intéressent.

Pour Aristote, il existe une nature politique de l'homme. Les barbares sont des hommes, mais des hommes barbares, car ils n'ont pas développé cette capacité, la plus noble de l'homme, la politique. La barbarie n'est donc pas un fait de nature, mais de défaut de culture. Par exemple, dans le contexte des cités grecques et de leur gouvernance démocratique sans cesse menacée par l'empire totalitaire perse, les Perses sont des barbares qui n'entendent rien aux Grecs, et au grec. Rien à voir avec les sauvages, hors de portée civilisatrice. La nuance n'est pas que sémantique tant elle soutient des politiques civilisationnelles aux conséquences historiques dramatiques : controverse de Valladolid sur l'humanité des Amérindiens, abolition de l'esclavage et droits civiques, colonialisme comme « fardeau de l'homme blanc » selon l'expression de Kipling…

Mais revenons à Aristote. Celui-ci ne se réfère donc pas à un homme à l'état de nature, comme vont le faire les philosophes des Lumières. On se souvient que pour Hobbes, au XVIIe siècle donc, l'homme des origines est un loup pour l'homme, même pas un barbare, mais un sauvage : seule la société permet de contrôler sa violence naturelle, qui est celle des animaux. C'est Rousseau qui va postuler un « homme de nature » différent, hors de la société, isolé des autres hommes, même s'il s'agit évidemment d'une posture analytique, d'une figure de rhétorique que les naturalistes, à l'instar de Buffon, récusent, car, d'un point de vue aussi logique que naturaliste, comment un homme isolé pourrait-il naître ou se reproduire ? Quoi qu'il en soit, ce mythe du bon sauvage, ou du mauvais sauvage, va connaître un bel avenir stérile dont l'ethnologie aura bien du mal à se débarrasser. Le XVIIIe siècle loue le bon sauvage et l'enfant sauvage ; le siècle suivant accouche du primitif et du vilain sauvage. De Jean-Jacques Rousseau et Thomas Hobbes à Claude Lévi-Strauss et Maurice Godelier en passant par Lewis Morgan, Edward Tylor, James Frazer et Margaret Mead, combien de figures changeantes des peuples hors des cités – hors des civilisations – sans une réelle connaissance objective de ce qu'ils sont. Il faut attendre une charte de l'Unesco votée en 2005 pour que soit enfin admis que tous les peuples sont à égalité de dignité et de culture pour l'avenir de l'humanité – autrement dit pour que l'on aille officiellement dans le sens d'une « politique de civilisation » selon l'expression d'Edgar Morin (P. Picq, *De Darwin à Lévi-Strauss*, Odile Jacob, 2013). Pour les singes, est-il utile de préciser qu'ils sont toujours complètement hors-jeu ?

Autre idée appelée à un bel avenir dans le cadre de la pensée naturaliste occidentale : celle selon laquelle « la nature ne fait rien en vain ». Aristote admet que la nature est complète, ce qui se retrouve dans les avatars de l'échelle naturelle des espèces : la *scala naturae*. Celle-ci apparaît dans la théologie naturelle comme dans la Providence ainsi que dans l'acception toute aussi erronée d'évolution au XVIIIe siècle. Cette idée reste encore très prégnante en paléoanthropologie sous le nom d'« hominisation », comme si une loi immanente guidait l'évolution des espèces depuis les premières bactéries jusqu'à l'avènement de l'homme. Ses avatars les plus récents s'appellent le « dessein intelligent » (il y a un projet divin ou cosmique), ou encore le « principe anthropique » (les premiers atomes de l'univers contiennent déjà l'Homme). Depuis le Big Bang toute entité matérielle ou vivante occupe une place prédéterminée. C'est le sens premier du terme « évolution ». Les partisans du dessein intelligent se disent évolutionnistes en ce sens. Mais, si on postule une nature complète, il ne peut y avoir évolution et, surtout, les qualités d'une espèce ne peuvent se retrouver chez une autre. Dans cette représentation du monde, imaginer de la politique chez les singes est tout simplement impensable.

Parlant de l'homme (des cités), Aristote évoque un « animal grégaire » et ose une comparaison avec les abeilles. Les abeilles, comme les autres insectes sociaux, sont la plaie de l'éthologie et de sociobiologie. Il existe une passion perverse et nocive pour ces insectes qui livrent une vision aussi oppressante que fascisante de la vie en société, que l'on retrouve dans toutes les utopies les plus sinistres, avec des individus répartis dans des castes, avec des aristocrates, des ouvrières et des guerrières. Ici point de politique puisque dans ces sociétés la place des individus découle de leurs instincts, autrement dit de conditions naturelles irrévocables : des individus enchaînés à leurs instincts et à leur fonction – cette conception totalitaire et idéelle de la société se retrouvera dans les utopies, comme les phalanstères. Hélas, les singes ne respectent pas ce bel ordonnancement, et c'est bien pour cela qu'ils font l'objet de tous les rejets. En attestent la description du vil peuple des Bandar-Log, ces singes ingouvernables dans *Le Livre de la jungle* de Rudyard Kipling, ou l'omission systématique des fables de La Fontaine avec le singe toujours au plus près du pouvoir et de la politique (P. Picq, *L'homme est-il un grand singe politique ?*, Odile Jacob, 2011).

Une fois de plus, une telle conception est étrangère à Aristote. Depuis l'époque du philosophe grec, le statut des animaux s'est beaucoup détérioré en Occident et ne s'améliore, sensiblement, que depuis quelques décennies – je précise bien « animaux » et non « animal », pour éviter l'argutie courante des dualistes qui rangent dans cette catégorie ontologique jamais définie, et sans distinction aucune, le ver de terre avec le chimpanzé (P. Picq, *Il était une fois la paléoanthropologie*, Odile Jacob, 2010). On estimait que, puisque tout animal est un animal, donc rangé dans une catégorie obscure de l'entendement humain, ce qui est valable pour les abeilles, les fourmis et autres termites l'était aussi pour les autres mammifères, dont les singes. Le dualisme de Descartes et l'idée de l'animal machine « animé » par ses instincts ont nourri l'école béhavioriste au XXe siècle avec Ivan Pavlov, James Watson et Burrhus Skinner pour lesquels un animal en vaut un autre pour étudier les mécanismes naturels du comportement (P. Picq, « Des animaux, des robots et des hommes », Université de l'animal, 2017).

Cette attitude affligeante du point de vue de la raison se retrouve dans de grandes traditions philosophiques et leur triste rhétorique scolastique de la différence entre l'homme et l'animal où, selon les besoins de la « démonstration », on cite indifféremment la grenouille, la poule, le babouin, le ragondin ou la chenille. Si, par exemple, on évoque les chimpanzés qui chassent et partagent la viande, alors on cite aussi les lions de telle sorte que ce caractère en devient naturellement banal, ce qui permet d'éloigner la question de comportements communs aux seuls hommes et aux chimpanzés. Or chasser chez les carnivores résulte d'une histoire naturelle, tandis que chasser chez les chimpanzés et les hommes provient d'aptitudes culturelles. Ce ne sont donc pas les mêmes processus évolutifs qui sont impliqués. Le sens adaptatif n'est donné que dans un cadre phylogénétique. Sinon, pour prendre des exemples classiques, on classera les chauves-souris avec les oiseaux parce qu'elles volent ou les hommes avec les manchots parce qu'ils marchent debout.

Revenons à Aristote. Selon lui, la nature des animaux leur permet « d'éprouver la sensation du douloureux et de l'agréable ». Mais qui, sauf des penseurs engoncés dans leurs certitudes, peut nier que les animaux ont une âme sensible, qu'ils ressentent des douleurs et des joies ? Aristote préfigure dans cette phrase la philosophie utilitariste qui soutient les fondements des mouvements actuels sur les droits des animaux. Hélas, il y a eu Descartes et surtout Malebranche pour affirmer face à l'immense douleur infligée à la multitude des animaux que ces derniers ne souffrent pas, jusqu'à les disséquer vivants pour les besoins de la science dénuée de toute conscience. Face à l'animal sensible, la bêtise humaine est incommensurable.

Ces quelques remarques soulignent combien depuis le philosophe grec la connaissance et la condition de l'animal se sont longtemps dégradées dans le cadre de la philosophie occidentale jusqu'à influencer une science incapable de questionner de telles affirmations, pire les acceptant comme des évidences et raillant les philosophes des Lumières plus éclairés sur cette question quand ils s'interrogeaient sur ce qu'est le genre humain. La coïncidence historique entre la période de l'édification des droits de l'homme et l'arrivée des grands singes en Europe n'est certainement pas si anecdotique tant les plus beaux esprits s'y sont intéressés. Ces grands singes s'invitèrent bien malgré eux dans le champ de la philosophie politique, même si l'on ignorait à l'époque que les chimpanzés sont aussi des animaux politiques.

En revanche, dans l'état actuel de nos connaissances, le langage s'élève encore bel et bien comme le propre de l'homme, même si les capacités cognitives associées au langage se retrouvent dans d'autres modes de pensée et d'actions que nous partageons avec les grands singes (*via* les sciences cognitives). Cependant seul l'homme, *Homo narrans*, semble capable de dire. Aristote lie le langage à la capacité de percevoir le bien et le mal et de l'exprimer. L'homme est un animal politique qui s'inscrit dans un monde discursif (P. Picq, *Premiers hommes*, Flammarion, 2016). Et comme nous allons le découvrir par la suite, ce n'est pas la « nature » de la politique qui nous distingue des chimpanzés, mais bien le *logos*.

Cela me rappelle une scène que j'ai filmée avec la célèbre communauté des chimpanzés du zoo d'Arnhem en Hollande. Une femelle âgée est harcelée par un jeune mâle stupide. Les grands mâles dominants, pourtant censés faire respecter l'harmonie sociale au sein du groupe, n'interviennent pas, certainement en raison des statuts sociaux peu élevés des deux protagonistes. N'en pouvant plus, la vieille femelle décide d'aller leur demander leur soutien. La voyant venir à eux, ceux-ci lui tournent le dos comme s'ils n'avaient rien vu. La vieille les touche alors de la main et leur désigne le jeune imbécile, ce qui a pour effet de calmer ce dernier, mais sans réelle intervention des grands mâles. Avec le langage, la vieille aurait pu leur rapporter les faits – qu'ils connaissaient – et faire appel à leurs obligations en tant que leaders du groupe. Aristote aurait aimé cette scène de la vie ordinaire chez les chimpanzés.

Logos ou pas, les animaux, pas tous évidemment, mais nous avons pris tellement de retard dans leur connaissance, ont aussi une perception de ce qui est « juste et injuste ». Les cavaliers savent qu'une correction brutale et inconsidérée infligée à un cheval peut se payer très cher bien plus tard. Dans les parcs zoologiques trop d'animaliers se font encore tuer par des éléphants qui ont la rancune longue et tenace. Il ne s'agit pas d'agressions spontanées, mais différées et réfléchies en raison de la perception d'un acte injustifié. Les universitaires bardés de diplômes et de certitudes méprisent les témoignages et l'expérience de personnes qui vivent avec les animaux. (C'est une des raisons de la détestation viscérale des universitaires français envers Charles Darwin qui a construit sa théorie de la sélection naturelle en collationnant un vaste corpus de connaissances acquis auprès des éleveurs et des animaliers.) Des études récentes faites chez certaines espèces de singes montrent comment les individus perçoivent l'iniquité et en arrivent à manifester leur désapprobation, comme on l'a vu chez les capucins dans la partie précédente. Ces comportements se révèlent très développés chez ces espèces sociales et habituées à différentes formes de collaboration pour l'accès à la nourriture, son partage ou diverses actions collectives. Si des individus coopèrent, mais ne reçoivent pas en échange la part qu'ils estiment leur revenir, ils ressentent de la frustration. Ils expriment soit de la colère, ou tout simplement refusent de coopérer à nouveau. Cela signifie que chez ces espèces de singes, les individus possèdent une perception du juste et de l'injuste en fonction de leur statut social, de leur rôle dans le groupe et de leur engagement dans des actions collectives, et qu'ils expriment leurs frustrations par divers comportements. La politique fait intervenir ces sentiments et leurs représentations cognitives, ce qui nous amène chez les chimpanzés.

En politique, nos médias se plaisent à décrire un homme ou une femme comme un « animal politique » quand il ou elle fait preuve de pugnacité. On se rappellera notamment ce titre de presse à propos de Ségolène Royal lors de la campagne présidentielle de 2007 : « La femme est aussi un animal politique. » Même si on a dit la même chose, au masculin, pour Nicolas Sarkozy ou Jacques Chirac en d'autres temps, il n'en reste pas moins une tradition particulièrement vive en France en raison d'un lourd héritage machiste campé sur la domination masculine (P. Picq, *Nouvelle histoire de l'homme*, Perrin, 2002). Les femmes en savent quelque chose, nous en reparlerons.

Mais, en vérité, faire de la politique, c'est-à-dire être capable de développer des stratégies d'alliance pour prendre le pouvoir et garder le pouvoir tout en gérant les affaires, non pas de la cité, mais du groupe et de son territoire, est un art qui se pratique sans le langage, ce qui ne veut pas dire sans communication. Ce sont d'ailleurs les fondements de toute la communication non verbale, que l'on évoque de plus en plus dans les commentaires des politologues. On parle même de « biopolitique » puisque nos politiques ont, semble-t-il, de plus en plus recours à des « coachs » comportementalistes.

Si Michel Foucault a montré que les enjeux du pouvoir et de la politique interviennent à tous les niveaux de nos sociétés, on continue de négliger, si ce n'est à mépriser, l'art de la politique chez les peuples vivant hors des cités. Il serait grand temps de renouer avec l'intelligence et la pertinence des philosophes des Lumières, fort justement intéressés par les grands singes et les « bons sauvages » à une époque où frémit la pensée anthropologique. Allons donc faire un tour chez les chimpanzés avec lesquels nous partageons des origines communes exclusives et politiquement correctes (d'un point de vue évolutionniste).

CHAPITRE 2

Aux origines était le chimpanzé

Cela fait déjà un quart de siècle que Frans De Waal a révélé combien les chimpanzés sont des animaux machiavéliques, et parfois démoniaques, très doués pour la politique (F. De Waal, *La Politique du chimpanzé. Sexe et pouvoir chez les singes*, Odile Jacob, 1995). Ils vivent dans des communautés multimâles-multifemelles comparables aux sociétés humaines d'avant les cités. L'accès aux positions dominantes dans leurs systèmes hiérarchiques ne repose pas que sur la force, le sexe ou les liens de parenté : le pouvoir dépend des capacités des individus à constituer des coalitions et des alliances dans le but de monter dans la hiérarchie et de se maintenir par l'exercice du pouvoir, d'en avoir les privilèges et d'en assumer plus ou moins bien les obligations morales envers ses alliés et les autres. Car cela passe par un contrat social qui, en la matière, n'est ni verbal ni écrit. L'éthologie, faut-il encore le rappeler, traite des mœurs et de l'éthique.

Les chimpanzés respectent quelques définitions célèbres de la politique. Celle de D'Alembert par exemple : « La politique est l'art de tromper les hommes. » Sur ce point, les chimpanzés se révèlent très roués, que cela concerne les relations et les intrigues entre eux ou envers les hommes. Celle de Valéry aussi : « La politique consiste dans la volonté de conquête et de conservation du pouvoir. » Ici aussi les chimpanzés se montrent particulièrement doués, les mâles comme les femelles.

L'observation des chimpanzés nous révèle que les racines de la politique sont plus anciennes que l'humanité, ce qui nous renvoie bien au-delà des calendes grecques, et permet de s'interroger sur des évidences comme l'importance de la force physique, le rôle prétendument secondaire des femmes, les privilèges sexuels des mâles envers les femelles. Depuis les premiers livres de De Waal, nos connaissances ont considérablement progressé sur les sociétés de chimpanzés et certaines analyses, notamment à propos de l'appétence différente pour les jeux de pouvoir entre les mâles et les femelles, méritent d'être reconsidérées. À cela s'ajoutent les études sur les sociétés de bonobos, autres chimpanzés très appréciés des humains, et la lente évolution des sociétés humaines à propos des femmes en politique...

Tous les faits évoqués dans ce chapitre ont fait l'objet d'observations relevées selon des méthodologies rigoureuses et, le plus souvent, filmées. La plupart des personnages décrits – pour ne pas dire les personnalités – se retrouvent dans les livres de Frans De Waal ou dans mon film *Du rififi chez les chimpanzés*. Commençons par le sujet le plus archaïque en politique : la place des femelles et des femmes.

La Mama d'Arnhem et le Léviathan

Mama s'est éteinte en avril 2016 à l'âge de 59 ans. Si elle avait appartenu à notre espèce, on aurait dit que c'était une grande dame politique. Pour l'avoir connue personnellement, je témoigne de son rôle central au sein de la communauté des chimpanzés du zoo d'Arnhem. À tout « seigneur tout honneur », elle apparaît comme le premier personnage dont Frans De Waal tire le portrait dans son livre devenu un classique, *La Politique du chimpanzé* (F. De Waal, *La Politique du chimpanzé*, Odile Jacob, 1995). C'est elle que j'ai choisie comme « narratrice » du coup d'État politique, assorti d'une tentative de meurtre sur un mâle dominant, dont j'ai été le témoin au cours de l'été 1998 (*Du rififi chez les chimpanzés,* film de Pascal Picq et Nathalie Borgers, Doc en Stock/Arte, 1998).

Sa mort a fait l'objet du premier deuil interspécifique tant elle campait un rôle magistral dans la vie de la communauté des chimpanzés du zoo et avec la communauté de soigneurs et des chercheurs. Plusieurs événements autour de son décès et les réactions de tristesse de ses congénères ont été filmés. Rendez-vous sur la page *Dutch zoo mourns loss of country's oldest chimp, Mama, 59* et voyez !

Alors que je connaissais un peu le personnage par les articles de De Waal, j'ai compris à qui j'avais à faire dès la première rencontre. Nous sommes le soir d'une fin d'été de 1998, juste avant l'heure du coucher. Les chimpanzés se scindent en plusieurs groupes par affinités familiales et amicales dans différentes volières. Mama est là. Elle vérifie que chaque groupe a retrouvé ses pénates et que les portes sont bien fermées. Comme chaque soir, elle est la dernière à rejoindre les siens, non sans un dernier salut donné au soigneur ou au chercheur responsable du coucher des chimpanzés. Elle se place en intermédiaire entre ceux qui ont le pouvoir suprême, les hommes, et les siens.

Voilà un acte politique majeur, presque symbolique. Est-il besoin de rappeler le pouvoir des femmes et des hommes qui, dans toutes les sociétés humaines, se positionnent comme intermédiaires entre des forces supérieures et le commun des vivants et des mortels ? Dans *La Fabrication des grands hommes*, Maurice Godelier ouvre son essai par l'évocation de ce rituel du temps de l'Égypte pharaonique. Chaque année, Pharaon remontait le Nil vers le sud sur une barque jusqu'à ce qu'elle bute sur un banc de sable. Là, il se livrait à des incantations pour appeler les crues, qui finissaient par venir. Ainsi, il s'appropriait un cycle naturel, se positionnant entre les dieux et les mortels (M. Godelier, *La Production des grands hommes*, Fayard, 1996). À Arnhem, Mama n'était pas Cléopâtre, mais elle agissait de la même façon. Le zoo où elle résida jusqu'à la fin de sa vie fut le lieu d'une série d'événements qui ne sont pas sans rappeler les fondements du contrat social et politique cher à Hobbes.

Au cœur des années 1970, le Pr Jan Van Hooff a, en effet, l'idée géniale de créer une colonie de chimpanzés dans le Burger's Zoo d'Arnhem, en Hollande. Le projet consiste à composer une communauté avec plusieurs mâles et femelles adultes, et les enfants de ces dernières, donc une structure comparable à celle des communautés sauvages. S'ensuit un des plus grands projets d'éthologie sur l'observation des mœurs sociales des chimpanzés que les chercheurs peuvent scruter en permanence. Parmi les étudiants associés à ce projet figure un certain Frans De Waal.

Cette aventure scientifique commence par une étrange déconvenue. On a déjà évoqué cette conviction, aussi ancestrale qu'infondée, qui affirme que seuls les mâles mènent des intrigues de pouvoir, les femelles se tenant à l'écart, évitant les tumultes risquant de mettre leurs petits en danger. Alors les éthologues procèdent méthodiquement : lorsqu'ils mettent des animaux dans un enclos commun, ils introduisent les dominés en premier et les dominants en dernier – en effet, si un dominant accapare un espace, il va agresser *illico* l'infortuné dominé qui se retrouve dans une situation inconfortable et absurde qu'il aurait spontanément tout fait pour éviter –, du genre « si j'avais su, j'aurais pas venu »...

Dans notre histoire, les chimpanzés viennent de différents zoos et on ignore tout de ce que seront leurs relations. Le plus sage consiste donc à introduire les femelles – dominées d'office –, puis les mâles – dominants proclamés. Tout se passe très bien dans la première phase, les femelles établissant leur hiérarchie assez vite, la plus dominante étant une femelle bien nommée Mama. La dite Mama retrouve de vieilles copines avec lesquelles elle a fait sa vie dans différents zoos. Pour le dire autrement, elle est forte d'une longue expérience des jeux de pouvoir dans les meilleurs établissements, ce qui vaut tous les diplômes de science politique. Les clans, les hiérarchies et les affinités se mettent donc rapidement en place entre les femelles.

Arrive la deuxième phase : l'introduction des mâles, au nombre de trois. Dès que les femelles avisent les trois lascars, elles se divisent en trois groupes et les agressent incontinent. Seule échappatoire : grimper au plus vite dans un arbre et appeler les animaliers pour les sortir du pétrin – inutile de préciser qu'ils n'avaient pas fière allure.

Une fois la clairière dégagée des furies, les trois mâles se rejoignent et comprennent qu'ils ont intérêt à s'unir, non sans établir promptement des relations de dominance, lesquelles seront amenées à changer, mais une fois réglée la question des rapports avec les femelles. « Pas question de se laisser impressionner », semblent clamer haut et fort les mâles, du moins quand ils sont entre eux et en l'absence de femelle…

On connaît cette règle de base en politique, « diviser pour mieux régner ». Elle se traduit chez les chimpanzés par des actions d'intimidation, de menace et d'agression. Dans notre petite histoire, on l'a vu, les femelles avaient agi immédiatement pour éviter que les mâles ne se liguent entre eux. Côté femelle, Mama formait aussi avec sa vieille copine Gorilla une coalition redoutable et toutes deux dominaient sans conteste tous les autres clans. Nouvelle intervention des chercheurs qui isolèrent pour un temps les deux furies et les autres femelles.

Quand on les relâcha, Mama mena la charge pour les agresser de nouveau, mais elle s'aperçut qu'elle était seule désormais : même sa complice Gorilla avait abandonné la partie. Elle observa, déconfite, les femelles aller à la rencontre des mâles et leur dispenser des gestes de soumission. Pourquoi ? Sans doute parce que Mama se montrait trop agressive envers ses consœurs. Nombre d'entre elles se retrouvaient régulièrement à l'infirmerie. Aussi firent-elles probablement le pari que les mâles exerceraient une gouvernance plus apaisée et moins agressive.

Dans cette affaire, il ne fait aucun doute que les mâles ont bénéficié du soutien des autres clans de femelles, fatiguées des agressions de Mama et de sa comparse. Fine mouche, voyant que le vent avait tourné, Mama se décida alors à reconsidérer son action politique. Thomas Hobbes ignorait que le chimpanzé pouvait être un léopard pour le chimpanzé, surtout entre les femelles. Plus sérieusement, cette histoire de l'acceptation du pouvoir des mâles par les femelles pour avoir une plus grande stabilité sociale et moins de violence est un bel exemple d'un compromis digne du *Léviathan*.

Par la suite, les mâles ne tardèrent pas à mener leurs intrigues entre eux, changeant leurs alliances au gré de leurs petits intérêts, se livrant aux délices de la politique panienne. Mais rien ne se faisait néanmoins sans l'assentiment et le soutien de Mama. Malgré son âge canonique pour une femelle chimpanzé – la quarantaine –, elle n'hésitait pas à jouer des coudes. Si un mâle prétendait atteindre la position alpha, il devait à la fois contrôler les autres mâles et avoir le soutien de Mama. Celui qui s'avisait à l'oublier risquait de perdre sa position. Aucun mâle ne pouvait accéder au statut de dominant sans le soutien de Mama. Elle intervenait dans les conflits entre les mâles, bien plus puissants, en jouant des équilibres et surtout en œuvrant pour les réconciliations et les alliances.

Son statut formel se voyait immédiatement au moment de la distribution des nourritures : Mama se plaçait au centre, face aux animaliers qui donnent la nourriture et personne, même les mâles dominants, n'osait se saisir des fruits qui lui étaient destinés. Si, comme je l'ai fait, on s'avisait de la servir après les autres, elle exprimait une vive désapprobation. Ce jour-là, je ne me suis pas fait une amie et elle ne s'est plus jamais montrée aimable à mon encontre.

Mama était une fine politique qui s'intéressait sincèrement du bien-être des autres. Si elle n'était pas une mère aussi affective ou attentionnée que les autres, elle avait la fibre sociale.

Elle aimait, par exemple, la présence d'une adorable femelle nommée Geisha, fille de sa vieille complice Gorilla avec qui elle avait fait les quatre cents coups, dont quelques-uns donnés aux mâles.

Elle gérait efficacement, on l'a vu, les relations entre ses congénères chimpanzés et le personnel du zoo d'Arnhem. Chaque soir, elle veillait à ce que toutes les familles et les clans aient rejoint leurs quartiers de nuit respectifs et, après un dernier tour pour vérifier que tout était en ordre, elle venait saluer l'animalier ou le chercheur responsable de la bonne exécution du mouvement avant de pénétrer dans sa loge. Traduction : « Je me suis chargée de la bonne marche des choses et, surtout, je suis la médiatrice du pouvoir des hommes envers les miens. » Du grand art. Elle savait combien le personnel animalier déteste faire trop d'heures, surtout quand il faut attendre le bon vouloir d'un chimpanzé récalcitrant. Car il y en a toujours qui rechignent à accepter ces acquis longuement et méthodiquement négociés avec les patrons du zoo.

Aristophane et les bonobos

Voilà pour la grande Mama du zoo d'Arnhem, femelle dominante pendant plus de quarante ans et experte en manœuvres politiques. Les mâles dominants passent, mais pas Mama avant son trépas. On pourrait s'étonner que de puissants mâles aient accepté de négocier avec une vieille femelle. Mais c'est dans la nature même de la politique que de savoir apprécier et jouer des équilibres et des compromis entre les différents partis ou parties. Mama représentait le pouvoir des femelles et si ses intérêts passaient du mâle alpha à un prétendant, le pouvoir pouvait basculer. Évidemment, tout cela n'arriverait pas si les mâles se montraient stables et fidèles dans leurs alliances...

Passons maintenant au chimpanzé gracile ou *Pan paniscus*, plus connu sous le nom de bonobo, qui vit en Afrique dans une région s'étendant du sud de la grande boucle du fleuve Congo à la rivière Kasaï. C'est une région marécageuse et peu accessible, ce qui explique leur découverte récente, en 1974. On les appelle aussi chimpanzés nains, bien qu'ils ne soient pas plus petits que leurs cousins robustes, les *Pan troglodytes.*

L'histoire de la découverte des bonobos mérite d'être rappelée. Elle se fait au Musée royal de l'Afrique centrale de Tervuren, en Belgique. Le Dr Ernst Schwarz entreprend une étude biométrique des différentes populations de chimpanzés minutieusement répertoriées dans ce superbe musée. Il distingue un groupe de chimpanzés dont le crâne adulte est plus petit. Pensant que la taille de la tête est en proportion avec celle du corps, Schwarz en déduit qu'ils doivent être plus petits, d'où leur nom de chimpanzés nains. Un demi-siècle plus tard, on s'aperçoit que les bonobos, nom dont l'étymologie reste mystérieuse, sont simplement plus graciles, c'est-à-dire au moins aussi grands, mais plus minces que leurs cousins robustes vivant au nord du fleuve Congo.

Les bonobos s'en sortent plutôt bien, car l'anthropologie, qui est la science de l'homme, affiche généralement peu de sympathie pour les espèces ayant des cerveaux relativement petits par rapport à leur corps. Rappelons que du temps de l'anthropologie naissante, les études sur la taille du cerveau font fureur et que tout est bon pour démontrer l'infériorité des races autres que les blancs, et que toutes les femmes – y compris les blanches – sont moins intelligentes que les mâles. Un argument scientifique massue repose sur la taille du cerveau pour justifier le racisme et le colonialisme envers les autres peuples et refuser le droit de vote aux femmes, sans même parler de leur donner accès aux responsabilités politiques… Pour la petite histoire, quand on s'est aperçu que les hommes de Néandertal avaient un cerveau plus gros que les mâles *Homo sapiens* blancs, ce critère de taille corrélée à l'intelligence a été relativisé incontinent. Arrêtons là cette digression peu flatteuse sur l'histoire de la paléoanthropologie, ces pensées préhistoriques n'ayant évidemment plus court dans nos démocraties modernes… Sauf chez quelques tristes personnages, comme ce député européen polonais qui vient de s'illustrer en affirmant que les femmes doivent être payées moins que les hommes, vu qu'elles sont plus petites, plus faibles et moins intelligentes. Le même individu avait déjà traité les migrants de « déchets humains » et fait un salut nazi en plein parlement…

Sans faire de l'anthropologie fiction, le Pr Schwarz aurait très bien pu imaginer que tous ces crânes représentaient des femelles, des amazones version chimpanzé. Chez les grands singes, les femelles sont, en moyenne, plus petites que les mâles et portent de petites canines.

Comparés aux chimpanzés robustes, les bonobos possèdent des caractères plus « féminins » et l'évocation des amazones n'a rien d'anecdotique car, chez eux, les femelles mènent leurs intrigues de pouvoir avec aisance et charme, faisant tout pour éviter que les mâles ne se coalisent. Sans aucune exagération, les femelles bonobos apportent la démonstration que les archaïsmes machistes en politique sont relativement récents, même s'ils ont la peau dure.

Car tout cela remonte à très loin. Chez les singes, les femelles restent généralement toute leur vie dans leur troupe natale et sur le même territoire. Par conséquent, étant donné qu'il n'y a pas d'inceste dans la nature, les mâles arrivés à maturité sexuelle quittent leur groupe pour se reproduire ailleurs (exogamie des mâles ; P. Picq et P. Brenot *Le Sexe, l'Homme et l'Évolution*, Odile Jacob, 2009). Mais, comme toujours, il y a des exceptions à la règle et on observe le cas de mâles dits « patrilocaux » et de femelles qui s'en vont à l'adolescence (femelles exogames). Ce sont justement les chimpanzés, les bonobos et les hommes. Dans ces conditions, les femelles se retrouvent très handicapées pour monter des coalitions et prendre le pouvoir. Quelques femelles chimpanzés y arrivent néanmoins, comme le prouve l'histoire de Mama racontée plus haut. On ne peut pas dire, hélas, que les femmes s'en sortent mieux dans les sociétés humaines, mais il y a toujours des exceptions (P. Picq, *Le Retour de Madame Neandertal*, Odile Jacob, 2013)...

Mais ce sont les femelles bonobos qui se distinguent comme les plus expertes. Comment font-elles pour se dégager des turpitudes machistes ? Elles pratiquent une stratégie à la Lysistrata, la célèbre héroïne de la comédie d'Aristophane, mais qui semble avoir réussi. On s'en souvient, Lysistrata est cette Athénienne qui, lassée des guerres incessantes menées par les hommes, décide de lancer un mouvement de contestation qui repose sur la grève du sexe dans le but que les guerriers déposent les armes. Sans sombrer dans l'analogie facile et simiesque, Athènes est à Sparte ce que les bonobos sont aux chimpanzés ou, comme cela a été dit aussi, les bonobos sont les singes de Vénus – Aphrodite chez les Grecs – et les autres chimpanzés, les singes de Mars – Arès chez les Grecs. Je précise que les bonobos ne sont pas venus de la planète Vénus ou que les chimpanzés ne nous ont pas envahis depuis la planète Mars pour mener une guerre des mondes interplanétaire. Une peinture sur bois de Sandro Botticelli intitulée *Vénus et Mars* montre ce dernier endormi et désarmé sous le regard éveillé et alerte de la belle divinité. Les mâles, même s'ils sont des dieux, semblent tenir moins longtemps au lit qu'à la guerre. Vu comme cela, le « repos du guerrier » prend une tout autre signification. Mais revenons à Lysistrata. Pris dans une grève du sexe, les hommes grecs, de guerre lasse, rendent les armes car privés, justement, du repos du guerrier…

Faire l'amour et pas la guerre est une idée fort ancienne que l'on retrouve chez les bonobos et aussi dans l'Antiquité, mais dont les réussites restent rares. La stratégie de Lysistrata ne peut réussir que si les femelles ont un minimum de pouvoir, ce qui est le cas des femmes aristocrates. Sinon, les sociétés humaines ont inventé tout un arsenal de mythes, de règles et d'oppressions, souvent très violentes, pour obliger les femmes à la fidélité. C'est à cette condition que les hommes peuvent se permettre de partir à la guerre. Il est tout à fait confondant de constater le génie créatif des hommes – les mâles – dès qu'il s'agit d'inventer des armes et des moyens consacrés à la guerre ou de contrôler la sexualité des femmes par l'idéologie et par toute sorte de techniques barbares (ceintures de chasteté, ablation du clitoris, enfermements divers, toutes sortes de systèmes de contentions…). Malgré tous ces obstacles séculaires, il arrive néanmoins que les femmes mettent fin à de terribles conflits de cette manière, comme en atteste l'action de Leymah Gbowee, l'une des trois lauréates du prix Nobel de la paix 2011 avec Ellen Johnson Sirleaf et Tawakkol Karman. Moins de guerre lasse que las d'abstinence sexuelle, les milices de Charles Taylor finirent par déposer les armes et négocier la paix au Libéria.

Les femelles bonobos ont réussi là où les femmes ont trop longtemps échoué. Elles ont contourné tous les obstacles, dont la contrainte de l'exogamie. Plutôt que se placer en rivales pour quelques beaux mâles, elles agissent de telle sorte que dès que deux mâles se rapprochent amicalement pour s'épouiller ou partager de la nourriture, elles rompent le lien en train de se faire et compensent la frustration engendrée par une relation sexuelle. Briser une coalition mérite une petite compensation. C'est bien connu, chez les bonobos la devise « faites l'amour, pas la guerre » s'applique avec zèle et décontraction. Mais ne sombrons pas pour autant dans la boboïtude rousseauiste, car il y a des conflits chez les bonobos, entre membres du même sexe, entre membres des deux sexes et même avec d'autres espèces, puisqu'il leur arrive de chasser de petits mammifères (agressivité envers les autres espèces, comme l'homme). Toutefois, ce qui prévaut, c'est l'évitement des conflits par des relations hédonistes entre individus de sexes différents ou de même sexe. Chez ces grands singes, le sexe intervient constamment dans la régulation sociale, tensions et apaisements. Tout cela semble bien idyllique, mais il n'en est rien en réalité. En effet, il n'y a pas de liens affectifs soutenus entre les bonobos, et la devise devient « faites l'amour, pas la guerre et sans l'amour ». Les relations sexuelles se réduisent à des fonctions avec des copulations encore plus brèves que le temps qu'il faut pour glisser un bulletin de vote dans une urne.

Fait notable, en revanche : les femelles bonobos n'ont pas besoin des mâles pour leur survie, ni pour élever leurs jeunes ; elles ont l'indépendance écologique, parentale et affective. Une autre caractéristique des bonobos est qu'ils se déplacent volontiers sur deux pieds lorsqu'ils sont au sol ; ils sont les plus bipèdes des grands singes après les hommes. Ainsi sont les femelles qui marchent debout face à l'évolution et la politique.

La dominance et la règle

On appelle les femelles le « sexe écologique ». Pourquoi ? Celles-ci ont tout intérêt, notamment chez les singes, à rester ensemble à la fois pour contrôler un territoire et ses ressources et pour bénéficier du soutien et de l'expérience maternelle des autres femelles plus ou moins affiliées. La règle empirique et écologique veut donc que les femelles passent leur vie dans leur troupe natale alors que les mâles la quittent à la fin de leur adolescence. Les exceptions sont très rares, mais elles existent et on les rencontre de manière significative dans la famille des hominidés, celle des grands singes africains, avec les chimpanzés, les bonobos et les hommes actuels ainsi que tous leurs prédécesseurs.

Alors, y a-t-il eu une mutation génétique qui a inversé le régime des exogamies ou un coup d'État sociologique des mâles chez l'un de nos lointains ancêtres communs ? L'exemple qui suit semble faire opter pour la seconde solution et, partant, montrer que les sciences sociales et la politique sont de très vieilles affaires de famille chez les hominidés.

Nous sommes dans la communauté des chimpanzés de Gombe, observée par Jane Goodall et ses successeurs. Le clan F rassemble tous les enfants, sur plusieurs générations, issus par lignée maternelle de Flo, une femelle décédée à un âge de plus de 50 ans – les noms donnés par les chercheurs à ses descendants commencent tous par la lettre F. Flo est dominante. Son statut favorise la position sociale de ses enfants. Seulement elle et ses filles violent une règle bien établie dans toutes les communautés de chimpanzés qui fait qu'au moment de l'adolescence, les filles quittent leur groupe natal pour aller se reproduire dans un autre groupe.

Dans toutes les communautés de chimpanzés et dans presque toutes les cultures humaines, ce sont en effet les femelles et les femmes qui abandonnent leur groupe natal pour se reproduire dans un autre groupe. Évidemment, les mâles sont apparentés et patrilocaux. Toutefois, il existe, ici aussi, des exceptions qui confirment la règle. Car les filles du clan F restent dans leur communauté. Pourquoi ? Parce qu'elles sont dans un clan dominant et que leurs frères le sont aussi. Alors pourquoi aller ailleurs ?

Évidemment, cela pose un problème, celui d'un possible inceste. Le risque est réel, comme en atteste une scène célèbre et qui a été filmée. Un mâle adulte de la communauté désire abuser des charmes de Fifi, la fille de Flo. Il pourrait être son géniteur. Fifi tente de lui échapper, en vain, jusqu'à ce que ses deux frères – Faben et Fagen – menacent le tonton libidineux. Cet épisode se termine bien pour Fifi.

L'inceste et la politique se retrouvent dans des familles célèbres, comme les Borgia. Quelques dynasties de l'Antiquité méditerranéenne ont institutionnalisé ces pratiques pour mieux conserver le pouvoir, alors qu'elles sont rigoureusement interdites dans toutes les sociétés humaines qui, pour cela, ont inventé des règles complexes de parenté. Les élites appellent cela le « mariage des dieux » pour bien signifier au peuple leur statut supérieur et supraterrestre. Les chimpanzés, aussi, sont capables de prévarication – ils font de la politique – mais, chez les hommes, on remarquera combien le langage et le discours sont utiles pour justifier le non-respect de la règle.

Revenons à la politique et aux femelles. L'exemple du clan F montre que les femelles peuvent s'affranchir des règles communes si elles ont du pouvoir. Il n'y a donc pas de « loi naturelle » de l'exogamie des femelles ou des femmes. C'est bien une question de société, de culture et d'histoire. Même si des individus apparentés des deux sexes tendent à se soutenir « naturellement », même si en raison d'un héritage phylogénétique commun les femelles sont poussées à l'exogamie, ces dernières peuvent former des coalitions puissantes, comme Mama et Gorilla à Arnhem, comme les femelles du clan F à Gombe et, de façon plus systématique, comme les femelles bonobos décrites précédemment. Alors que toute une tradition de la philosophie de la liberté et de la politique se fonde sur un affranchissement de l'homme par rapport à son état de nature, les chimpanzés, et tout particulièrement les bonobos, nous montrent que les discriminations envers les femmes sont bien des faits de culture et d'idéologie qui, pour le coup, apparaissent très humaines.

Frans De Waal, toujours lui, a touché à ces questions à partir des études à la fois en éthologie et en sociologie. Il rapporte que si les hommes s'intéressent davantage aux grands enjeux politiques nationaux et internationaux – avec les marques de prestige qui leur sont associées –, les femmes restent plus enclines à gérer les affaires locales. Toujours ce vieux schéma de l'homme chasseur qui part au loin quérir les nourritures les plus nobles par les activités les plus nobles (la viande et la chasse), tandis que la femelle collectrice gravite autour de la maison et des enfants. Fort heureusement (mais non sans mal !), de plus en plus de femmes, en Occident mais pas seulement, occupent des postes politiques à haute responsabilité nationale et internationale, dans les gouvernements ou les instances internationales, y compris dans le domaine économique. La Mama d'Arnhem et Angela Merkel nous révèlent que rien n'est donné en politique chez les hommes, plus encore du côté des femmes.

De nombreux contempteurs de l'éthologie ne cessent de crier à l'anthropomorphisme comme d'autres crient au loup et n'acceptent pas les résultats des travaux scientifiques sur le sujet. Mais ces personnes oublient que le cahier des charges des éthologues n'est pas de partir en quête de l'expression et de la répartition de caractères humains chez des espèces plus ou moins proches. C'est d'observer, noter et analyser, le plus souvent sans se préoccuper des affres ontologiques des humains.

Et ce qui est évident quand on travaille en éthologie, c'est que plus on se rapproche de l'homme, ce qui est le cas avec le chimpanzé et le bonobo, et plus on rencontre de caractères et de comportements humains ; une tautologie d'un point de vue évolutionnaire (si deux espèces sont sœurs, c'est bien parce qu'elles partagent le plus grand nombre de caractères communs hérités d'un dernier ancêtre commun). Serait-il justifié de donner des origines et des noms différents à des caractères et des comportements identifiés chez des espèces sœurs partageant un ancêtre commun exclusif ? Confrontés à ces similitudes, les évolutionnistes adoptent un double principe, phylogénétique et parcimonieux : si deux espèces issues d'un même ancêtre commun exclusif manifestent les mêmes comportements, alors c'est que ces comportements sont homologues, autrement dit qu'ils proviennent de cet ancêtre commun. Tautologique, certes, mais épistémologiquement fondé et, comme tout principe scientifique, réfutable.

Toujours d'un point de vue épistémologique, les partisans du hiatus homme/chimpanzé arguent du « canon de Morgan » que nous retrouverons dans notre troisième partie à propos de la planète des singes et des robots. Ce principe postule qu'un comportement doit s'interpréter, tant que faire se peut, au niveau biologique le plus bas, donc au plus près des gènes chez les espèces autres que l'homme. Pour revenir à l'histoire du clan F et des femelles qui refusent l'exogamie, il faudrait donc invoquer une mutation génétique dans cette famille, alors que c'est de l'ordre de la règle sociale dans les sociétés humaines. Ou bien affirmer que l'exogamie des mâles chez les hominidés provient d'une mutation génétique, mais pas chez les hommes. On peut y croire – le terme est choisi –, mais nous ne sommes plus dans un cadre évolutionniste. Ce qui diffère entre nos frères d'évolution et nous, c'est le niveau discursif de ces règles, ce qui permet aussi de les contourner, comme pour le « mariage des dieux ».

Dans les quelques exemples ci-dessus et les autres ci-dessous, plus anecdotiques mais pas moins significatifs, on apprécie combien les comparaisons avec les espèces les plus proches de nous dans la nature actuelle nous autorisent une approche analytique qui, sur certains sujets comme le rôle des femelles et femmes en politique, offre un éclairage jusque-là accessible par les seules sciences humaines. Cela n'invalide pas les sciences humaines qui, au contraire, s'enrichissent de l'arrivée des chimpanzés et des bonobos. Vive l'évolution !

Des singes machiavéliques

En relisant *Le Prince* de Machiavel, j'ai voyagé sans difficulté de Florence au zoo d'Arnhem. J'ai retrouvé les mêmes personnages, mis à part les costumes. Le rapprochement avec l'œuvre de Machiavel n'a rien de surprenant tant *Le Prince* peut se lire comme le premier traité d'éthologie politique humaine. Sauf qu'on ne s'attendait pas à ce qu'il en soit ainsi des millions d'années avant la Renaissance (R. W. Byrne et A. Whiten, *Machiavellian Intelligence*, OUP, 1988 ; R. Wrangham et D. Peterson, *Demonic Males*, Bloomsbury, 1997).

La politique mobilise des individus, donc des individualités, des caractères. Et il suffit de rester une journée à observer une communauté de chimpanzés pour distinguer rapidement les mâles et les femelles dominants. Ensuite, si on est un observateur suffisamment attentif, on voit se dessiner des clans selon les affinités, les rivalités, les solidarités, les rancunes... Depuis le début des années 1980, depuis l'arrivée de la gauche au pouvoir et les publications de De Waal, il s'est passé beaucoup de choses en politique, chez les chimpanzés comme chez les hommes. Voici quelques « riches heures » de la politique chez les chimpanzés.

De la guerre

Si « la guerre est la continuation de la politique par d'autres moyens » selon la célèbre expression de Clausewitz, alors les chimpanzés ne sont pas en reste. En fait, cette relation entre la politique des chimpanzés et leur propension bien observée à se faire la guerre entre groupes voisins n'a pas vraiment été discutée dans le champ de l'éthologie. Dans un article récent faisant la synthèse des faits d'agressions entre communautés de chimpanzés, les chercheurs ont testé différentes hypothèses « darwiniennes » comme l'extension du territoire pour l'obtention d'autres ressources en relation avec une augmentation de la population, ce qui peut passer par l'élimination systématique des mâles et la captation des femelles. Ce n'est ni plus ni moins que « l'enlèvement des Sabines » chez les chimpanzés, ce qui doit se traduire par le succès reproducteur des individus qui tirent avantage de ces conflits. Ce sont là les seuls critères ultimes accessibles aux évolutionnistes.

Depuis la formation des États, depuis *Le Prince* de Machiavel, première réflexion moderne sur la politique et le pouvoir, la guerre est une affaire de droit : déclarations, conflits, batailles, conventions, armistices, paix, etc. Tous les grands auteurs en philosophie politique discutent et confrontent leurs thèses, mais en ne regardant jamais du côté des populations humaines non constituées en États ou vivant hors des cités (les barbares d'Aristote) et encore moins du côté des chimpanzés (ce dont on ne saurait leur faire le reproche).

Il n'est pas question ici de comparer les ethnies traditionnelles avec les chimpanzés, mais, une fois de plus, de s'intéresser aux mécanismes sociaux et politiques communs. Il existe des différences considérables dans la conduite des conflits intergroupes. Dans *La Production des grands hommes. Pouvoir et domination masculine chez les Baruya de Nouvelle-Guinée* (Fayard, 1982), Maurice Godelier décrit un « état de guerre permanent ». Les ethnies entretiennent entre elles des relations hostiles constantes avec des risques d'homicides à tout moment – le plus souvent sous forme d'embuscades.

Dans *Les Lances du crépuscule*, Philippe Descola évoque sa tristesse quand, au fil des années, il constate la disparition des hommes qu'il a connus. Les batailles rangées sont rares et, en général, se limitent à quelques victimes (P. Descola, *Les Lances du crépuscule*, Plon, 1993). Cependant, il y a des règles et un guerrier d'une tribu ne peut pas commettre une agression sans l'autorisation des « grands hommes » au risque de représailles incontrôlées. Car ces tribus entretiennent aussi quelques échanges, de femmes et de divers produits. Si ce genre d'échanges et de relations n'existe pas entre les communautés de chimpanzés, il y a bien en revanche transfert de femelles et conflits de même type (R. W. Wrangham et L. Glowacki, « Intergroup aggression in chimpanzees and war in nomadic hunter-gatherers : evaluating the chimpanzee model », *Hum. Nat.*, 2012, 23(1) : 5-29).

Mais il n'en reste pas moins que toutes les ethnies ont une histoire, qu'elles ont migré, chassées par d'autres ou de leur propre volonté, avec des pertes et des prises de territoires, des meurtres d'hommes, des femmes enlevées, violées, échangées... De la Nouvelle-Guinée aux conflits récents de l'ex-Yougoslavie, on peut faire le même terrible constat des exactions commises – le plus souvent par les mâles, mais des femelles y participent volontiers chez les chimpanzés et les hommes – dans le cadre de tous ces conflits de non-droit assez peu discutés par nos philosophes.

On en revient à l'éthologie et à ce questionnement inquiétant : pourquoi les hommes et les chimpanzés font-ils de la politique et pourquoi se font-ils la guerre ? C'est reposer la question de la violence légitime et du droit. Qu'il s'agisse de sexualité ou de violence, il existe des règles dans les sociétés de chimpanzés et d'hommes ; qu'elles soient respectées et trop souvent violées est une autre question. Il ne s'agit aucunement d'évoquer un droit naturel ; il n'y a pas de droit dans la nature, seulement des règles, des *ethos* sélectionnés au cours de l'évolution. Que deviennent ces règles dans nos sociétés postmodernes ? On constate qu'il n'y a jamais eu autant de violences de guerre commises hors de toute convention internationale, surtout à l'encontre des civils (www.iris.org). Les idéologies individualistes, se référant à la guerre de tous contre tous (P. Picq, *Un paléoanthropologue dans l'entreprise*, Eyrolles, 2011) et se justifiant d'une interprétation aussi radicale qu'erronée de la sélection naturelle comme « loi naturelle », en arrivent à justifier une restriction de nos libertés au nom de nouveaux Léviathan sécuritaires. Et on y retrouve les ingrédients habituels, à savoir de la politique avec de la violence et du sexe.

Mais, comme nous allons le voir, les chimpanzés se comportent d'une manière voisine, ce qui nous renvoie à l'impérieuse nécessité de repenser la politique et la violence dans une perspective qui dépasse les seules sociétés humaines dites civilisées, en se dégageant des schémas obsolètes entre sauvages, barbares et « civilisés ». C'était déjà le message du film *La Planète des singes*, en 1968. C'est encore celui de *L'Affrontement*, sa version de 2014, dans laquelle on voit bien que l'intelligence politique et la tolérance ne sont pas des questions d'espèces, mais d'individus et de groupes.

Meurtre prémédité à Arnhem

C'est au zoo d'Arnhem que De Waal observe pour la première fois les conséquences d'un meurtre commis par deux mâles coalisés à l'encontre d'un troisième et motivé par des seules raisons politiques. Depuis, cela a été observé par des chercheurs sur le terrain en Afrique. Quinze ans après les observations de De Waal, j'ai réalisé un film sur ces mêmes chimpanzés d'Arnhem, ceux de la génération suivante, où j'ai été le témoin direct d'une agression très violente. Comme je venais tout juste d'arriver, je ne pouvais évidemment pas imaginer de quel genre de règlement de comptes il retournait.

En interrogeant les chercheurs, j'apprends que le mâle numéro deux dénommé Ayo, la victime de l'agression, se comporte de plus en plus comme un rival envers Jing, le numéro un. Et il se trouve en fâcheuse posture puisque Jelle, le numéro trois, est le demi-frère du numéro un. Comme la *libido dominandi* démange aussi bien un chimpanzé qu'un homme, il s'efforce de s'en sortir par le haut, d'autant qu'il bénéficie du soutien de Mama.

La veille au soir, Ayo hésite à rentrer dans le bâtiment où tous les chimpanzés passent la nuit dans de grandes cellules où ils se répartissent par familles et par affinités. Il fait prendre du retard au personnel animalier qui, en la circonstance, applique la punition habituelle qui consiste à l'isoler dans une cage. Le lendemain matin, on relâche les clans de chimpanzés, les grands mâles, puis Ayo en dernier. Sa cage à peine ouverte, les grands mâles, restés dissimulés dans la pénombre, se précipitent et le rouent de coups. Il ne doit sa survie qu'au maniement express et expert d'une lance à incendie par un animalier et à une charge furieuse des femelles dirigée par Mama contre les agresseurs.

En recoupant les données des chercheurs et ce que j'avais moi-même vu, j'ai compris qu'il s'agissait d'une action concertée et préméditée pour éliminer physiquement un concurrent. Du genre triumvirat entre Claude, Pompée et César où, à la fin, il n'en reste plus qu'un. Sauf que l'on ignorait que ce genre de règlement de compte faisait partie de notre évolution, depuis au moins notre séparation avec la lignée des chimpanzés. Le triumvirat impossible de De Waal était composé de Yeoren, Luit et Nikkie ; celui que j'ai filmé de Jing, Ayo et Jelle. On ne change pas un bon scénario ! Adaptée pour la circonstance,

communauté d'agglomération • Grand Paris Sud • communauté d'agglomération la sinistre devise de Staline devient : « Plus de chimpanzé, plus de problème. »

Après coup, on a compris qu'Ayo avait tout fait pour se faire punir afin d'éviter de se faire coincer dans le bâtiment pendant la nuit. L'épilogue, pourtant, tourna à la tragédie. Après un séjour de deux semaines à l'infirmerie, Ayo retrouva le groupe, fort bien accueilli par les femelles et les jeunes. Mais les grands mâles, restés confinés à l'intérieur en la circonstance, poussaient des cris menaçants. Alors Ayo se précipita dans le canal où il se noya. Une fin dramatique, hélas observée aussi dans la nature, car, quand un mâle se trouve dans ce genre de situation, même l'exil lui est interdit, puisque les mâles des communautés voisines lui feront la peau.

Le contrat politique

Pourquoi parler de meurtre politique ? Simplement parce que les observations minutieuses des chercheurs mettent en évidence des changements subtils d'alliances avant qu'éclatent ces bouleversements. Les liens entre individus se tissent au travers de séances d'épouillages soutenues et de partages de nourriture. Ils installent des relations de réciprocité qui se révèlent précieuses dans les conflits. Quand un individu se trouve menacé, il tend le bras, paume ouverte vers le haut, pour solliciter l'aide de son ami. S'il peut compter sur son aide, alors il peut commencer à défier le dominant, d'abord en respectant de moins en moins les signes de salut et de domination formelle, puis en multipliant les provocations. Cela prend des mois, le temps de montrer ses intentions, de consolider ses alliances et aussi de rassurer le groupe, surtout les clans des femelles, dont certaines se montrent très actives.

Une fois arrivé à ses fins, le nouveau mâle alpha se doit de répondre aux attentes de ses obligés, ceux qui l'ont aidé à accéder au pouvoir. S'il les domine sans difficulté, il se contente de faciliter quelques avantages, notamment pour l'accès aux femelles. Si, en revanche, son autorité n'est pas assez affirmée, alors ses alliés se montrent exigeants et jaloux des quelques avantages que peuvent conserver ceux du clan rival. De Waal décrit les situations complexes faites de rivalités et de frustrations, comme avec ce mâle qui ne supportait pas que celui qu'il avait contribué à porter au pouvoir ne sévisse pas envers les autres mâles qui courtisaient les femelles. Si ces intérêts individuels recoupent une insatisfaction plus largement partagée par le groupe, alors les alliés d'hier peuvent devenir les rivaux de demain. Les rancœurs et les rancunes s'accumulent, provoquent de l'instabilité, des conflits et des revirements hiérarchiques parfois violents et pas forcément stables.

Côté humain, quelle différence ? Au début de son quinquennat en 2007, Nicolas Sarkozy fit preuve d'un esprit d'ouverture sympathique en nommant des personnalités qui n'étaient pas de son camp. Une telle stratégie laissa néanmoins des traces, car ceux qui en profitaient apparaissaient comme des félons et ceux qui s'étaient engagés durement dans la campagne victorieuse se sentaient frustrés. Deux quinquennats plus tard, tandis que j'écris ces lignes, François Bayrou a rallié avec son panache béarnais Emmanuel Macron. Alain Juppé, toujours fidèle à ses principes, soutient François Fillon et, surtout, a compris, comme Bayrou, que les Français veulent de nouvelles têtes. Quant à Manuel Valls, son manque d'enthousiasme pour un Benoît Hamon ou un Emmanuel Macron lui donne mauvaise figure, celle du félon. Pendant ce temps, François Fillon, lui, s'accroche obstinément, malgré beaucoup de défections, son seul espoir étant de se retrouver au premier tour sachant que tout candidat face à Marine Le Pen sera certainement élu. Mais d'autres mouvements vont se faire et, comme chez tant d'espèces de singes, peut-être que les nouvelles populations hybrides émergentes vont dominer dans le grand espace ouvert entre la gauche très à gauche, où les candidats n'arrivent pas à faire affaire, et la droite traditionnelle, empêtrée dans les affaires.

Mais revenons aux chimpanzés et regardons ce qu'ils ont à nous apprendre en matière de stratégies politiques. À travers les exemples qui suivent, nous allons rencontrer différentes formes de conquête et d'exercice du pouvoir, qui ne manqueront pas de rappeler les catégories proposées par Machiavel dans son ouvrage. Commençons tout de suite par Mike qui trouva à s'imposer par la ruse.

Le pouvoir par la ruse

Mike est un mâle de la communauté de Gombe en Tanzanie, étudiée par Jane Goodall et son équipe. Il avait peu de chance d'occuper un rang de leader à cause de sa faible constitution physique et du manque d'apparentés. Très observateur, il s'aperçut que ses congénères s'effrayaient lorsque les chercheurs manipulaient des bidons d'essence métalliques qui faisaient beaucoup de bruit lorsqu'ils s'entrechoquaient. Alors Mike s'empara de deux bidons et se présenta devant les dominants. Il parada, ce qui étonna les autres, mais pas trop longtemps quand il les chargea en faisant rouler devant lui les deux bidons avec force vacarme, ce qui fit fuir les grands mâles. Les cinéphiles rapprocheront ce subterfuge d'une scène de *La Planète des singes* de 2011 où le héros César use du même moyen, sans oublier de coller une baffe de gorille à son rival à l'aide du même bidon.

Mike acquit ainsi le rang de dominant et se maintint pendant plusieurs années. Car en plus d'être malin, il assurait un équilibre des pouvoirs qui convenait au groupe. La ruse qu'il déploya fait intervenir ce qui est bien connu dans les jeux de la politique chez les hommes : un moyen de s'imposer aux autres avec ce que ne possèdent pas les autres (les bidons), auquel s'associe la perception des rivalités entre les clans. Tout l'imaginaire et la symbolique du pouvoir dans les sociétés humaines reposent sur de tels artifices, comme le pouvoir de droit divin, qui est bidon comme chacun sait, mais cela a pris des siècles et des siècles pour s'en apercevoir, ce en quoi les chimpanzés se montrent plus circonspects (mais il est vrai qu'ils n'ont pas inventé les bidons). Emmanuel Macron se trouve-t-il dans une position comparable à celle de Mike ? Faut-il lui offrir des bidons, alors que les casseroles arrivent toutes seules pour d'autres ?

Depuis les grandes révolutions qui ont marqué la fin du XVIIIe siècle, on considère que la légitimité issue de l'ordre religieux appartient au passé et qu'elle est dépassée. Nullement ! D'une part, en raison du retour des fondamentalismes religieux qui, sous prétexte de contester les théories de l'évolution, œuvrent pour installer des théocraties, notamment aux États-Unis (P. Picq, *Lucy et l'Obscurantisme*, Odile Jacob, 2007). D'autre part, parce que Mike et ses bidons soulignent l'ancienneté et l'universalité du procédé politique : accaparer les attributs d'un pouvoir qui échappe au commun des chimpanzés et s'en faire le maître.

La tentation du retour

Restons en Tanzanie, mais partons dans la communauté de Mahalé, étudiée par des chercheurs japonais. Togoli y vivait parmi d'autres chimpanzés. Cet ancien mâle dominant s'était fait démettre par une coalition de jeunes mâles. Seulement ces derniers n'arrivaient pas à s'entendre entre eux, ce qui produisait une instabilité politique difficile à vivre pour le groupe. (C'est un grand classique des années 1970 que ces coups d'État menés par de jeunes officiers ; certains ont méthodiquement éliminé leurs alliés de circonstances, établissant des dictatures qui tomberont des décennies plus tard.)

Le nouveau mâle dominant était, selon les catégories définies par Machiavel, un prince parmi les princes, avec tous les inconvénients que cela comporte en termes d'intrigues, de jeux de cours et trahisons. En comparaison, Togoli représentait plutôt la figure du prince élu par la communauté. Bien que déchu, il bénéficiait d'ailleurs d'une bonne popularité au sein de la communauté, mais devait se méfier des mâles qui pouvaient s'accorder dans le seul but de l'éliminer physiquement. Alors il attendait son heure et espérait un retour au pouvoir. Ce qu'il réussit à faire. Avant d'être contesté à nouveau par les autres mâles. Etc. Etc.

Cette histoire évoque les formes diverses de légitimité et d'accession au pouvoir. On voit que les intrigues entre mâles, tout accaparés par leurs rivalités, ne se préoccupent guère des intérêts des autres. Ceux-ci préfèrent un dominant comme Togoli, qui jouit d'une assez bonne réputation dans l'exercice de ses fonctions, mais semblent avoir négligé les puissants qui l'entourent.

La campagne présidentielle de 2017 ne se compare à aucune autre par la diversité inégalée des stratégies de conquête du pouvoir mises en place. Pour le Front national, c'est la légitimité du leader et du nom, et tout le monde derrière (ce qui ne veut pas dire que Marine Le Pen y est arrivée sans peine). Chez Les républicains, on assiste à une dérive ahurissante après la « réussite exemplaire » des primaires, François Fillon se lançant dans une remarquable fuite en avant, soutenu par des princes tenaces, non sans espérer le jugement et la grâce par les urnes. Emmanuel Macron joue la carte gaullienne du suffrage direct avec le peuple : au-dessus des partis, s'il réussit ; à côté, s'il échoue. De ce point de vue, il a eu raison de ne pas participer aux primaires, qui ne sont pas dans l'esprit de la Ve République. Mais de quelle légitimité peut-il se revendiquer, lui qui est sans parti, sans mandat et doté d'un passé ministériel assez bref ? C'est un problème dans le système politique qui est encore le nôtre, mais c'est une chance si l'air du temps tourne au changement. En tout cas, c'est inédit. Benoît Hamon, sans être considéré comme un homme d'appareil, n'en est pas moins l'homme d'un parti ou d'une partie du parti. Entouré d'élites intellectuelles surdiplômées, quelles affinités réelles (et non pas idéelles) avec le peuple ? Parlant du peuple, il y a bien, après Philippe Poutou et Nathalie Arthaud, Jean-Luc Mélenchon, un électron libre entre les socialistes et les communistes qui ne se reconnaissent pas complètement en lui ; l'électorat populaire qu'il revendique se tourne parfois vers Marine Le Pen. Nous venons de faire un tour du manège politique. Que sont devenus les Togolis d'aujourd'hui ? Ils ont été sortis du jeu, tous les anciens candidats ayant exercé des fonctions gouvernementales importantes ayant été écartés (Sarkozy, Hollande, Juppé).

Les dérives de la tyrannie

Retour à Gombe où vivait Frodo, un mâle très puissant, petit-fils de Flo, la femelle dominante dont nous avons raconté l'histoire un peu plus haut. Grâce à sa force et au statut dominant de son clan, Frodo prit le pouvoir à son aîné Freud et l'exerça de manière tyrannique. Il pouvait se le permettre, mais fit l'erreur d'en abuser. Il existe des tyrans qui usent plus de la force et de la violence que des alliances et des subtilités des influences. Frodo finit par s'affaiblir et se fit renverser par une coalition de mâles. Comme chez les hommes, la violence engendre la violence. Chez les chimpanzés aussi, on traque les anciens tyrans pour leur faire la peau.

Au fil des films réalisés sur les chimpanzés de la communauté de Gombe, on peut suivre toute l'histoire politique du clan F sur plus de quarante ans. On voit donc l'ascension et la chute de Frodo. Dans l'un des derniers épisodes, il erre le regard inquiet, filant profil bas et discret, car les autres mâles patrouillent pour l'éliminer. Mais il ne peut pas s'enfuir, car il sait que le même sort l'attend s'il s'aventure dans une communauté voisine, qui ne garde pas un meilleur souvenir de ses violences. Apparemment, les chimpanzés se montrent plus radicaux envers les tyrans. Trop de dictateurs chez l'homme terminent leur vie dans le confort et le luxe payés par la corruption et les détournements de fonds destinés à leur peuple. Les exemples de Frodo et de Mike, tous deux appartenant à la même communauté de Gombe, montrent la grande diversité des figures et des stratégies politiques chez les chimpanzés.

L'art de savoir diviser

Le lecteur s'en souviendra sans doute, Jing était le mâle alpha de la communauté du zoo d'Arnhem. Il participa à l'agression contre Ayo, ce que Mama ne lui pardonna pas facilement. Ayo écarté, son demi-frère Jelle usa de toutes les intrigues et manœuvres pour prendre la place de numéro deux devenue vacante. C'était à la fois un séducteur et un fourbe, qui mériterait le nom de Jago. Seulement il avait un problème, Fons, le nouveau mâle numéro trois. Fons était expérimenté, car il avait été le mâle alpha pendant un temps, il bénéficiait d'une bonne réputation et, surtout, il était très proche de Mama. L'intérêt de Mama était d'éviter que les deux demi-frères, Jing et Jelle, s'approprient tout le pouvoir sur la communauté. Elle paria sur le retour de Fons, mais les anciens leaders n'arrivent jamais à retrouver un pouvoir pérenne, qu'il s'agisse de Napoléon, de la Restauration ou des chimpanzés. Certains ont l'intelligence de le comprendre, d'autres s'obstinent malgré les désaveux. À cet égard, le cas de Vladimir Poutine paraît une exception, mais a-t-il en réalité jamais lâché les rênes du pouvoir ?

Pendant des semaines, j'ai pu suivre les conflits entre ce trio infernal : Mama, Fons et Jelle. Et Jing, le mâle dominant, dans cette affaire ? Dans un premier temps, il se méfia du tandem Mama/Fons. Il ne s'en prenait pas directement à Mama, il s'en prenait à Fons. Il le menaçait, le chargeait. Mais voilà que Mama réagit violemment, ce qui n'avait pas prévu. Alors Fons en profita pour contre-attaquer, à la fois agressif et fébrile, car il savait que sans Mama derrière lui, il ne gagnerait pas. Tout en exprimant sa colère envers Jing, il ne cessait de se retourner pour s'assurer qu'elle était là. Le message était clair : Jing avait commis un abus de pouvoir qui avait déplu à la vieille femelle.

Jing, qui aurait pu rabrouer Mama, mais il ne faut jamais se priver de sa base, réitéra ses menaces envers Fons, sans omettre d'exhiber sa puissance, bousculant des objets et s'en prenant aux arbres, mais sans agression physique directe. La tension monta, jusqu'à ce que Fons cède et se soumette, mais par l'entremise de Mama qui fit office de médiatrice. Il sauva en partie la face. Mais Jing exigea tout de même une soumission formelle, à la limite de l'humiliation, en simulant une monte. C'était réglé entre ces deux-là. Mama avait conforté sa position. Tant pis pour Fons sur ce coup-là.

L'affaire fut plus tumultueuse entre Fons et Jelle pour la place de numéro deux. Ils en vinrent aux mains, se lançant des pavés et usant d'injures – ce qui consiste, chez les chimpanzés, à jeter une poignée de terre à la face de l'autre. Mais Fons seul ne faisait pas le poids. Alors, cette fois, Mama s'engagea physiquement. Au cours d'une altercation, Fons tendit le bras avec la paume de la main ouverte en signe de réconciliation envers Jelle et Mama en profita pour l'agresser. Ambiance ! Néanmoins, ce tumulte finit par perturber trop la communauté. Les intrigues et les manœuvres de Jelle déclenchèrent une révolte. Tout le groupe, Jing en tête, le poursuivit. Il se réfugia en haut d'un arbre et attendit que la tempête se calme. Il ne put redescendre de son refuge qu'après que la fille de Mama l'eut invité à le faire.

Mais Jelle avait la rancune tenace. Alors il frappa Mama, ce que ne fit jamais Jing qui ménageait son alliance. Ainsi, lors d'une altercation entre Mama et Jing, c'est Jelle qui usa contre elle de violence physique, sous le regard satisfait de Jing qui se tint au-dessus de la mêlée. De cette manière, Jing maintint sa relation avec Mama, pendant que son demi-frère Jelle la molestait pour le servir – un excellent prétexte pour construire sa domination sur cette femelle – tout en sachant que sa marge de manœuvre était étroite, Jing n'ayant guère intérêt à le voir prendre trop d'aisance. Bel exemple de l'application de l'art de diviser pour mieux régner chez les chimpanzés, nos frères...

Et Fons dans toutes ces intrigues ? De guerre lasse, il finit par se soumettre à Jelle qui, de ce fait, devint le numéro deux et qui, au grand dam de Mama, refusa toujours de se soumettre, jouant habilement de l'avantage que Jing tirait de cette situation. En excellent prince, celui-ci déambulait de façon impériale, montrant son rang et son assurance. Tout le monde s'écartait avec déférence, même Jelle, mais pas Mama. D'une démarche assurée, il venait d'ailleurs la saluer. Ils échangeaient un baiser de convention, ce qui n'est ni un baiser affectif, ni un baiser de Judas ou, du moins, pas encore. À bon entendeur, salut !

CHAPITRE 3

De quelques dirigeants politiques français : un regard éthologique

Si, comme les chimpanzés, les femmes et les hommes politiques sont des « animaux politiques », alors en quoi diffèrent les métiers d'éthologue et de politologue ? Quand on écoute les politologues, on entend des commentaires sur les discours, les petites phrases, parfois les plus sibyllines. C'est tout l'art du *logos* et de l'exégèse.

Les remarques sur les tenues vestimentaires sont plus fréquentes, notamment pour les femmes, depuis le pantalon de la ministre Alice Saunier-Seïté du temps de Giscard à la robe à fleurs bleues de Cécile Duflot, sans oublier les peu glorieuses « juppettes ». Ce genre de remarques ou ces remarques de genre sont plus rares envers les hommes, comme l'absence du port de la cravate chez Jack Lang – ce qui n'a duré qu'un temps –, la coiffure et les costumes désordonnés de Jean-Louis Borloo quand il se voyait Premier ministre ou la coiffure plus maîtrisée et rigoriste de Nicolas Hulot et son écharpe.

Les commentaires sur les attitudes corporelles, les expressions faciales et les gestuelles s'avèrent moins fréquents. Pourtant, les scènes politiques nous offrent quelques exemples extrêmes, entre la cool attitude de Barack Obama et l'agitation constante (ou mouvement brownien) de Nicolas Sarkozy. D'un point de vue éthologique, il existe une émission culte – pour parler jeune – qui s'approche d'une démarche éthologique, celle de Yann Barthès, « Quotidien », nouvelle version de l'ancien « Petit journal » de Canal+. C'est d'autant plus intéressant que l'impertinence de l'émission tient sa pertinence de ce regard éthologique qui échappe aux politologues. En ne s'en tenant pas aux seuls discours, mais en prêtant attention aux gestes comme aux fragments de discours répétés, de la même façon que les éthologues scrutent les individus des groupes de singes et en révèlent des attitudes très significatives, ce mode d'observation constitue certainement le cauchemar des rédacteurs de discours, des communicants et des conseillers politiques.

S'il ne fait aucun doute que le discours reste au cœur de l'art de la politique, qu'est-il devenu dans le champ médiatique actuel ? Que dire depuis la fin des idéologies, entre le « politiquement correct » et un personnel politique qui parle un français de moins en moins correct ? « Faire peuple », « parler aux gens » doit-il passer par la vulgarité ? Le parler vulgaire n'a rien à voir avec l'argot d'un Michel Audiard ou d'un San-Antonio. Les élites communicantes ont atteint un tel niveau de méconnaissance sociologique des « gens » que leurs conseils conduisent les politiques dans des formes de discours qui les insultent. Elles sont devenues tellement incultes que leur supériorité ne repose plus que sur des paroles préparées à l'avance et répétées en boucle, les fameux « éléments de langage ». Elles en arrivent même à imaginer des slogans spécifiquement destinés à « parler » aux classes populaires. « Hé oh, la gauche » devait ainsi aider à reconquérir l'opinion et promouvoir l'action du gouvernement Hollande. Censé éveiller les consciences politiques endormies, il a plutôt retenti comme un cri de perdition. Que l'on l'apprécie ou pas sur le fond, heureusement qu'il existe encore des Henri Guaino pour la forme. Les classes populaires n'ont pas voté Nicolas Sarkozy pour des remarques comme « on va nettoyer au Karcher la cité » (La Courneuve, 2005), mais en partie grâce aux discours préparés par Guaino. En revanche, des phrases comme « casse-toi pauvre con » (Salon de l'agriculture, 2008) ont sans doute pesé lourd sur le résultat des présidentielles de 2012, indépendamment de la ligne Buisson...

Aujourd'hui, les journalistes maîtrisent assez bien leurs expressions faciales et corporelles face aux femmes et aux hommes politiques. Ce n'était pas le cas il y a plus d'une trentaine d'années. Ceux de ma génération se rappellent les différences d'attitudes de deux journalistes encore importants que sont Alain Duhamel et Pierre Elkabbach selon qu'ils étaient face à Georges Marchais ou Giscard d'Estaing. Ceux de ma génération n'ont jamais oublié la tête déconfite de ces deux grands journalistes lorsque se concrétise le portrait du nouveau président élu en 1981 : François Mitterrand. Depuis, les formes et les conduites des interviews ont considérablement évolué, mais pas toujours pour le meilleur. D'un point de vue éthologique, le manque de distance entre la fonction présidentielle et les journalistes détériore le statut de chef d'État, ce qui a nui considérablement à François Hollande, élément comportemental annonciateur du suicide sanctifié par le livre de confessions « *Un président ne devrait pas dire ça...* » (G. Davet et

F. Lhomme, « *Un président ne devrait pas dire ça…* ». *Les secrets d'un quinquennat*, Stock, 2016). L'anthropologue, l'éthologue et les grands singes confirment !

Les attitudes des deux derniers présidents avec les gens et les journalistes sont des suites d'errements et d'erreurs qui témoignent de la misère de la culture anthropologique et éthologique des politiques et, encore plus, de leurs conseillers.

Langage et épouillage : les deux mamelles de la politique

Les chimpanzés montrent que l'on peut faire de la politique sans tenir de discours et encore moins en énonçant des promesses. Nous savons fort bien qu'une femme ou un homme politique ne peut prétendre accéder au pouvoir en se contentant de faire des discours à la télévision ou en publiant des livres et des articles. Tout candidat doit aller sur le terrain et prendre contact avec les électeurs. Chez les chimpanzés et tous les singes, dont l'homme, cela s'appelle l'épouillage.

Chez les chimpanzés, on connaît la chanson depuis fort longtemps. Un mâle voulant accéder au sommet de sa hiérarchie va s'évertuer dans un premier temps à s'assurer le soutien des femelles. Il usera parfois d'intimidation physique mais, le plus souvent, de relations aimables. Il les épouille, partage volontiers la nourriture et leur assure protection. Puis, il en fait de même avec les autres mâles, sans manquer de rassurer le mâle dominant. Une fois qu'il se croit assez sûr de la qualité de ses relations avec les femelles et les autres mâles, il commence à défier le mâle dominant.

L'épouillage entre singes est ainsi le principal moyen de se construire des alliances, avec le partage de la nourriture. Et c'est bien ce que font aussi nos candidats lorsqu'ils viennent dans des lieux publics, participent à des manifestations collectives ou se déplacent sur les places de marché. Le langage et le discours deviennent secondaires. Le plus important se trouve dans les attitudes, les mains serrées, les embrassades, les attouchements. Comme chez les chimpanzés. À un autre niveau, il y a également le déjeuner en ville entre telle et telle personnalité politique, inévitablement relayé par les médias et qui correspond à l'étape de consolidation de l'épouillage (pour les dîners, c'est une tout autre affaire !).

On sait que lorsque les relations hiérarchiques sont stabilisées, ce sont normalement les dominés qui épouillent les dominants. Mais quand ces derniers désirent accéder à un rang supérieur dans la hiérarchie ou qu'ils se sentent contestés par un rival, alors ces dominants se mettent à épouiller les dominés pour obtenir leur soutien ou tout simplement pour se rassurer.

Une fois arrivé au premier rang, le dominant doit veiller à attribuer des avantages à ceux qui l'ont soutenu dans la période difficile et très stressante qui l'opposait au dominant précédent. Cela passe par des soutiens lors des conflits d'intérêts pour l'accès aux nourritures, aux meilleurs lieux de repos et pour jouir des femelles sexuellement réceptives. S'il est très assuré de son pouvoir, le mâle alpha peut s'attribuer une part importante de ces privilèges. Mais il le fait rarement, car les frustrations engendrées pourraient favoriser de nouvelles coalitions hostiles. Les quelques cas connus de meurtres politiques proviennent d'ailleurs de situations où le dominant n'arrivait plus à privilégier le ou les mâles qui l'avaient soutenu, lesquels se sont retournés contre lui. En somme, il y a eu rupture du contrat moral qui les unissait. Quant aux femelles, elles mènent aussi leurs jeux politiques, s'arrangeant pour entretenir les relations qu'elles désirent avec les partenaires qu'elles préfèrent et qu'elles ne manqueront pas de soutenir si l'opportunité se présente.

Aujourd'hui, l'épouillage est devenu un art politique dans le cadre de nos démocraties électives. Rien de caricatural, même si une caricature, justement, du temps de Daumier peut illustrer cette manifestation d'éthologie politique. On y voit un candidat qui s'efforce avec beaucoup d'humilité et de sympathie d'obtenir des voix puis qui, une fois élu, adopte une attitude fière et distante, forçant ses obligés à l'épouiller pour obtenir tel service, arrangement ou privilège. En d'autres termes, peu amènes mais compréhensibles dans un contexte d'abus financiers sur fonds publics ou de corruption, d'abord il épouille, puis il dépouille… Toutefois, dire cela, par-delà le jeu de mots plaisant, ne rend pas compte de l'art de la politique ni des engagements.

Il est évident que l'épouillage a pris des formes de plus en plus complexes et diverses au cours de l'évolution de la lignée humaine, surtout depuis l'invention des cités. Pour les primatologues, l'épouillage est l'ancêtre du langage par ses fonctions sociales et politiques. Mais ce n'est pas parce que le langage et les modes de communications ont évolué, de l'agora athénienne aux réseaux sociaux actuels, qu'il a perdu de son importance, bien au contraire.

Longtemps, haranguer les foules s'est fait *a capella* depuis le cœur des premières cités jusqu'à l'invention du porte-voix au XIXe siècle. On se demandera toutefois comment les milliers de personnes réunies dans les grands rassemblements, au moment de la Révolution française, de la Révolution russe ou du Front populaire par exemple, pouvaient simplement entendre les discours des orateurs. Est-ce que tout le monde pouvait vraiment saisir les mots prononcés par Jaurès ou Lénine ? Quoi qu'il en soit, les politiques étaient aussi présents dans la foule, ils serraient des mains, donnaient des accolades, embrassaient. Bains de foule et ébats.

Après l'électricité et les haut-parleurs, c'est la radio qui arriva. Le problème se déplaça : comment parler à des gens que l'on ne voyait pas ? Le superbe film *Le Discours d'un roi* décrit la difficulté pour un souverain de passer d'une légitimité distante, loin de la foule, à l'adresse directe de sujets devenus citoyens. De Gaulle, Eisenhower, Churchill firent du discours radiophonique un art premier, tout en continuant les bains de foule. Et comment ne pas citer le sublime discours que la jeune princesse, future Élisabeth II, adressa sur la BBC en 1940 aux enfants britanniques qui devaient fuir à cause des bombardements allemands, avant de mettre son uniforme et de conduire son ambulance sous les bombes ?

Puis vint le temps de la télévision. Apparition en plein écran des mimiques et de la gestuelle : on est vu de près par tous, sans en voir aucun. Et pas question de parler ici comme dans les meetings (où il faut néanmoins continuer à aller pour épouiller) : désormais, il faut être clair, mais aussi proche des gens. Certains s'en sortiront mieux que d'autres...

Aujourd'hui, les réseaux, et notamment Twitter, apportent une nouvelle dimension aux moyens de communication. Pourtant, malgré ces évolutions fulgurantes et, pour certaines, à peine imaginables et imaginées avant le début du XXIe siècle, il faut encore et toujours aller sur le terrain et épouiller. C'est même la première de toutes les exigences démocratiques, laquelle se fait de plus en plus au grand dam des services de sécurité. Que l'on repense à la panique causée par le président Obama quand il sortait de voiture pour aller à la rencontre de la foule. Cool attitude, contact physique avec le public, discours de haute tenue intellectuelle... On va vite le regretter.

Celles et ceux que l'on appelle les politicien(ne)s locaux, ou de terrain, savent combien il est important d'arpenter les marchés, d'entrer dans les bars et les salons de coiffure, de se rendre aux soirées belote ou loto, d'assister aux rencontres sportives, de participer aux manifestations des associations... Malgré tous les scandales et toutes les dérives de notre système, rendons hommage à l'engagement de nos femmes et de nos hommes politiques. Exception faite de quelques scandales, rares sont celles et ceux qui dépouillent le bien commun. Comment le savoir, me direz-vous ? C'est simple, il suffit de jauger leur façon de vous épouiller...

La politique, la violence et le sexe

Il existe une longue tradition en philosophie politique qui lie étroitement la politique et le pouvoir au contrôle et à l'exercice de la violence, jusqu'à considérer que c'est le seul moyen de la réguler comme chez Thomas Hobbes, Karl Marx ou Max Weber. Machiavel et Hannah Arendt admettent l'importance de la violence dans les enjeux politiques du pouvoir, mais en soulignant que la multitude peut toujours être plus forte que quelques individus abusant du pouvoir par la force.

Chez les chimpanzés, on trouve, comme chez les hommes, une acceptation sociale de la violence qui, si elle s'exacerbe, peut finir par se retourner contre les tyrans. Autre caractéristique de la politique et de la violence chez ces singes : leur propension à se faire la guerre. Les mâles apparentés d'une communauté peuvent former des coalitions dans le seul but de s'en prendre aux mâles de la communauté voisine, voire de les exterminer méthodiquement, sans oublier d'accaparer les femelles. Les éthologues présents à Gombe ou à Mahale ont décrit, stupéfaits, de telles pratiques.

Qu'est-ce qui poussent les mâles à se comporter ainsi ? La seule explication se fonde sur une corrélation, et non sur une relation causale, établie sur le fait que les chimpanzés, comme les hommes, vivent dans des sociétés patrilocales avec des mâles apparentés dont les rivaux les plus proches sont leurs voisins. Cette explication d'ordre sociobiologique est loin d'être satisfaisante, mais c'est la seule dont on dispose pour le moment. En attendant d'autres explications plus pertinentes, les chimpanzés nous offrent aussi un des facteurs les plus courants de la politique parmi les hommes, celui d'une menace extérieure qui incite les individus à accepter des formes plus ou moins coercitives de pouvoir contre une hypothétique protection. Les sociétés humaines, plus complexes, inventeront les castes de guerriers dont la justification repose sur la menace que font peser les guerriers d'à côté et qu'ils font eux-mêmes peser sur leurs voisins. Des chimpanzés aux lois liberticides du gouvernement Bush en passant par la guerre froide, l'existence d'une menace extérieure, concrète ou fictive, favorise l'acceptation d'une perte de liberté en échange d'une sécurité, réelle ou illusoire. On touche ici à la question fondamentale de la liberté et de la sécurité, du contrat social comme du Léviathan : concéder une part de liberté individuelle en échange de la sécurité. C'est certainement comme cela qu'il faut entendre Hobbes, bien qu'il ignorât qu'il n'existe pas de guerre entre les loups, mais seulement entre les chimpanzés ou entre les hommes.

Les erreurs maladroites de Balladur et de Sarkozy

La Ve République impose un défi considérable aux femmes et aux hommes politiques entre, d'un côté, les attitudes de distanciation et de sacralisation héritées de plus d'un millénaire de royauté et, de l'autre, les exigences d'un contact charnel avec le peuple, pas pour guérir ses escarres, mais pour caresser ses espoirs afin d'obtenir son vote.

Charles de Gaulle a su jouer des deux, mais n'a pas vu arriver les jeunes générations qui lui ont cherché des poux sous le képi à coups de pavés. Georges Pompidou a pris le train de la modernité et n'a pas eu le temps de décevoir. Giscard a tenté de faire peuple, mais ses tentatives d'épouillage ont piqué au vif des classes populaires qui, quitte à être cantonnées à la place que leur donne la société, préfèrent au moins qu'on les laisse tranquilles. On veut bien vivre à la campagne et être considéré comme des ploucs ; on peut vivre dans un pavillon modeste de banlieue ou dans un immeuble de cité, mais qu'on respecte au moins ce petit espace de dignité. Alors quand Giscard s'invite dans une famille dont le père est éboueur ou quand Sarkozy déboule dans une cité avec un service d'ordre digne de la horde sauvage, cela soulève la colère car c'est la violation d'un ultime espace vital, certes minable sous le regard de ces visiteurs incongrus, mais c'est celui auquel tient le moindre rongeur tapi dans le terrier qu'on veut bien lui concéder. Il est confondant de constater combien, d'un point de vue éthologique, les femmes et les hommes politiques, de droite comme de gauche, issus du centre des grandes villes et des grandes écoles (les élites de la reproduction sociale, comme dirait Bourdieu), se méprennent sur le peuple. L'extrême droite, en tout cas en France, ne commet pas cette erreur avec des leaders qui prétendent le défendre, mais évitent de « faire peuple » en parlant vulgairement.

Tout mammifère a besoin de son espace vital. Lors du tournage de mon film *Du rififi chez les chimpanzés*, j'ai pu remarquer que les individus se plaçaient par ordre décroissant de dominance par rapport au point de distribution de la nourriture. Au centre et au plus près venaient Mama, la femelle dominante, et ensuite ses filles, ainsi que les mâles dominants – ces derniers respectaient le statut de Mama, bel exemple de privilège acquis et consenti, mais aussi d'une sorte d'équilibre des pouvoirs, garant de la stabilité politique du groupe et du statut des leaders. Ensuite, on trouvait les individus de second rang et ainsi de suite, par demi-cercles concentriques. La place de chacun résultait d'un consensus : « J'accepte de me trouver plus loin de la source de nourriture, donc avec la probabilité d'en recevoir moins, mais ce qui arrive près de moi m'appartient. » S'il advenait que certains parmi les dominants ne respectent pas la règle, profitant de leur statut pour chiper de la nourriture, leur comportement déclenchait une réaction qui allait de la complainte à la franche rébellion. Autrement dit, le mépris des règles consenties conduit à l'indignation et, parfois, à des rébellions. On retrouve là les sentiments d'équité et d'iniquité évoqués chez d'autres espèces, comme les capucins dans notre première partie. Comme quoi, le droit de manifestation a, lui aussi, des fondements ancestraux très anciens.

Restons sur cette question du territoire. Ce n'est pas parce que certaines zones sont considérées comme de non-droit qu'il faut les investir au mépris de ce qui reste un ultime sentiment de territoire à soi. Les éthologues parlent d'« avantage du bourgeois », expression qu'on ne manquera pas de juger plaisante concernant les cités, pour décrire le fait qu'un animal en possession d'un territoire se défend avec beaucoup de vigueur et de succès face à un intrus malveillant. Chez les papillons, un individu qui convoite un meilleur territoire doit en chasser son résident. Ce dernier bénéficie d'un ensemble de facteurs qui jouent en sa faveur, en premier lieu la possession d'un espace vital qu'il défend avec fougue. L'art du découpage des circonscriptions et des parachutages ressemble à ce genre de papillonnage si on le comprend comme la volonté de s'installer sur un territoire qui n'est pas à soi et d'y résider. Un papillonnage qui consiste à butiner des bulletins et à repartir au plus vite pour quérir des avantages et des statuts dans d'autres cénacles.

Lorsqu'Édouard Balladur se présenta contre son ami de 30 ans à l'élection présidentielle de 1995, il partit comme favori selon tous les sondages. Pourtant, j'étais persuadé qu'il ne tiendrait pas la distance, car bien trop distant avec les gens. Balladur n'épouillait pas les personnes du peuple, erreur que ne commet pas un chimpanzé qui sait aller chercher les voix et partager leurs petits plaisirs. Précisons de suite qu'il ne s'agit aucunement d'une critique des compétences d'un homme politique et d'État, mais de son comportement. Balladur s'est tout simplement trompé de régime et de légitimité.

Lors d'un déplacement dans la Sarthe, alors qu'il est Premier ministre, il demande que l'on remplace les rillettes et le vin blanc par du foie gras et du sauternes. Quand on est issu d'un milieu populaire comme moi, qu'on a l'habitude de se lever tôt pour travailler de bonne heure, manger des rillettes sur du pain de campagne suivi d'un petit coup de vin blanc – pas trop sec mais rafraîchi comme il faut –, quel bonheur ! C'est tout l'art du casse-croûte, de la convivialité, du terroir, des gens. Évidemment, on fait la même chose dans le Périgord avec du foie gras et du monbazillac et cela participe des traditions. Mais je doute que Balladur en visite dans le Périgord se livre à ce genre de plaisir. Quand on n'a pas le goût des autres...

Il n'est pas conseillé de manquer aux traditions du repas républicain. Toujours en cette année 1995, l'Association des maires de France tient son grand dîner sous la pyramide du Louvre. Le candidat Chirac arrive à l'apéritif et poursuit jusqu'au digestif. Le candidat Balladur arrive juste avant l'entrée, livre un discours de cinq minutes et quitte l'assemblée pour aller dîner au Crillon. Un chimpanzé en campagne n'hésiterait pas, lui, à partager du temps ainsi que les nourritures les plus prisées et les plus goûteuses, signe de sa capacité à céder des avantages et autres privilèges.

Balladurien en son temps, Nicolas Sarkozy a retenu les mauvaises leçons avec l'incroyable bourde du Fouquet's le soir de son élection, ce qui va avec son manque d'intérêt pour la gastronomie et le vin. Quelle erreur : se détourner du peuple des électeurs pour aller épouiller son clan ! Et puis, le Crillon a tout de même un cachet gastronomique et aristocratique

que les Français peuvent comprendre, mais le Fouquet's, indépendamment de ses éventuelles qualités gastronomiques, c'est une tout autre image. Plus troublantes encore, les vacances passées aux États-Unis pour aller épouiller le président George W. Bush, quelque temps avant l'élection de Barack Obama. Imagine-t-on un second mandat avec Donald Trump à la Maison Blanche ? (Les mânes du Général en auraient été profondément retournés.)

Sarkozy est un mutant dans le paysage politique d'une France réputée ingouvernable parce qu'elle produit plus de 400 fromages différents. Arriver à être élu président de la République française avec pour seul viatique « la vache qui rit » tient de la plus haute performance. Même si vers la fin de son quinquennat il s'est efforcé de pasteuriser son côté *bling-bling* indigeste, trop de comportements éthologiquement erronés avaient définitivement dégradé son image de leader. Trop d'appétit pour la joute publique nuit à l'appétit pour les bonnes choses. Si on n'aime pas les bons plats, c'est que l'on n'a pas le temps de partager avec les autres ; et il en va de même pour le pouvoir et les décisions. Le chimpanzé politique ne se contente pas de miettes.

L'épouillage, indispensable en politique, demande beaucoup de maîtrise, surtout au Salon de l'agriculture. Celui-ci représente l'arène éthologique la plus redoutable pour les hommes et les femmes politiques qui ne sont plus issus d'une culture de territoires, sans ancrage familial, économique et politique réel. La très grande majorité d'entre eux ont été parachutés dans une circonscription ou une région à la suite de décisions et d'équilibrages subtils au niveau des directions des partis. Ils descendent de l'arbre pour épouiller en région avant d'y remonter le plus vite possible, et encore plus haut si possible. Alors quand la campagne s'invite à Paris, c'est un grand choc étho-ethnologique. Ah, si les électeurs pouvaient être aussi dociles que les braves bêtes bardées de décorations sagement rangées dans les enclos du grand Salon ! S'ils pouvaient se contenter de ruminer du foin plutôt que leurs difficultés, sachant que toute rumination dégage du méthane et que cela peut exploser à tout moment. Au cours des dernières années, les hommes et les femmes politiques, surtout celles et ceux qui se présentent aux présidentielles, se défient en passant le plus de temps possible au Salon de l'agriculture. Quelle agora ! Ce qui n'est pas sans risques, surtout quand l'épouillage tourne au shampooing à l'œuf comme pour Emmanuel Macron.

L'art de l'épouillage n'est pas inné, mais il y en a qui sont plus doués que d'autres. À ce jeu, Jacques Chirac reste le maître incontesté. Une belle andouillette le faisait jubiler tandis que pour la génération politicienne qui suit, la seule vue de ces intestins divinement roulés fait paniquer le service d'ordre à oreillette. Quelle misère éthologique que de voir, au journal de 20 heures, tous ces politiques qui se trimbalent comme des andouilles dans les allées du Salon. Un cours d'éthologie politique ne serait pas mal venu à la place de toutes les salades diététiques et insipides de leurs communicants qui, à de rares exceptions près, se montrent eux-mêmes de piètres communicants : langue de bois, parole stérile et dissolution de toutes saveurs. Vu sous ce regard étho-politique, on appréhende toute la portée symbolique d'expressions comme « gauche caviar » et, plus récemment, « gauche truffe », comme les controverses autour du « saucisson et vin rouge ».

Mais qui sait encore « tâter le cul des vaches » aujourd'hui ? Par-delà le périphérique s'étendent les tribus barbares et, plus loin, les sauvages, les arriérés des campagnes, les bouseux. L'après-Chirac a marqué une nouvelle ère avec des femmes et des hommes politiques n'ayant jamais passé de vacances à la ferme, ignorant tout des contraintes des saisons comme des cultures régionales. L'ouest de Paris devient le nouveau berceau de nombreuses femmes et hommes politiques de droite comme de gauche qui, lorsqu'ils quittent leur microcosme, empruntent l'autoroute A 14, qui passe sous la banlieue pour déboucher près de Versailles, avant la belle Normandie.

Les erreurs gauches de Hollande et Cie

Malgré les deux septennats de François Mitterrand et le gouvernement Jospin, la gauche souffre du syndrome malin de l'opposition. Même si, contrairement aux gauches de la gauche qui se complaisent dans l'évitement de toute responsabilité gouvernementale tant elles sont engluées dans leurs utopies impossibles et leurs querelles picrocholines, le Parti socialiste et ses alliés, historiques ou d'un moment, n'ont pas plus démérité que les gouvernements de droite – avec toutes les nuances partisanes ou objectives que le lecteur donnera à ce propos –, il reste que les partis de droite se sentent parés d'une légitimité naturelle tandis que ceux de gauche peinent à l'affirmer. C'est une question d'histoire politique et de mental.

Alors que Nicolas Sarkozy n'a jamais su porter le costume présidentiel qui, quelle que soit sa coupe, ne collait pas avec ses gestuelles et son langage, François Hollande n'est jamais entré dans le costume. Doué d'une très grande intelligence politique, mais bien moins machiavélique que Mitterrand, son expérience des arcanes du Parti socialiste et son talent pour les synthèses indigestes à la sauce hollandaise l'ont projeté dans la brutalité d'un monde dans lequel il n'a pas eu le temps de prendre ses marques.

D'abord les éléments du ciel qui se déchaînent sur lui. Comment son entourage a-t-il pu le laisser sans protection sous la pluie pendant ses discours ? Cela dit, il semble qu'il y ait quelque chose comme une sorte de malédiction météorologique des François, puisque le rassemblement de Fillon au Trocadéro s'est fait sous une pluie battante. À tout prendre sur la tête, autant que ce soit un œuf ? Car ces images distillent un message terrible : si un président en exercice ou un candidat à la même fonction ne peut même pas se protéger d'un parapluie, alors comment pourra-t-il protéger notre nation ?

Restons sur François Hollande. Que dire de tous ces changements autour de sa coiffure, son coiffeur, ses costumes et même ses attitudes corporelles ? Désastreux. Ces erreurs traduisent une sorte d'impréparation et surtout un choix de conseillères et de conseillers jamais sortis de leurs microcosmes énarchiques. Côté discours, cela ne va pas mieux. De François Hollande à Manuel Valls en passant par Anne Hidalgo et les autres, tous, ou presque, ponctuent constamment leurs propos de « heu » répétés et agaçants qui nuisent considérablement à l'image de leur action politique. Mais d'où sortent leurs conseillers en communication ? Heu… Et puis cette tendance d'une gauche morale qui, annonçant des décisions, souvent importantes, les justifie par un moralisme transcendant – ce même moralisme ambiant a d'ailleurs complètement plombé la candidature d'une personnalité attendue, au discours et à l'analyse solides, comme Nicolas Hulot. Ce que Ségolène Royal a bien compris en évitant ce qu'elle appelle l'écologie moraliste (je laisse au lecteur l'appréciation entre pragmatisme et cynisme politique). À droite, c'est parce que je le vaux bien ; à gauche, parce qu'il le faut.

À la tête de notre pays se seront donc succédé en deux quinquennats Sarkozy, le leader proximal, et Hollande, le leader minimal (Fidel Castro, le « Lider Maximo », s'en est allé en 2016). Un autre aspect inédit de nos deux derniers présidents touche aux péripéties relatives à leur vie privée. L'un, Sarkozy, l'a affichée sans pudeur ; l'autre, Hollande, a joué de discrétion, mais s'est fait prendre. L'un se complaisait dans les effets jet-set ; l'autre s'est fait surprendre à scooter. Il ne fait aucun doute que si ces deux personnages, incontestablement intelligents et avec les qualités humaines personnelles que l'on leur attribue, certes très différentes, avaient eu plus de culture éthologique de la politique que de l'expérience politique, leurs quinquennats respectifs se seraient passé autrement. Le plus perturbant est qu'ils n'ont jamais été aussi bons que lors de leurs discours de renoncement.

Ce qui n'a pas été le cas de Valéry Giscard d'Estaing en d'autres temps, qui tourna le dos aux téléspectateurs et s'en alla, ce qui n'a pas laissé le meilleur des souvenirs dans les esprits. Mais reconnaissons-lui cette vertu moderne du premier jeune président de la Ve République, il ne s'est jamais bercé de l'obsession de l'éternel retour et a exercé ses compétences dans d'autres domaines politiques. Ces discours de renoncement après la chute du genre « je pars, mais retenez-moi » sont extrêmement troublants. On peut penser ce que l'on veut de Lionel Jospin ou d'Alain Juppé, mais il y en a qui respectent leur parole quand ils partent quand d'autres ne la respectent pas pour arriver. Un peu comme Togoli à Mahale et Fons à Arnhem.

Or voilà qu'un texte ancien refait surface depuis quelque temps : *La Fable des abeilles* de Bernard de Mandeville (1714). On avait un peu oublié ce texte fondateur du libéralisme économique, très polémique et polysémique, revendiqué ou critiqué par de nombreux auteurs comme Rousseau, Adam Smith, Nietzsche, Keynes ou Hayek, avant qu'il soit remis en avant, récemment, par Tomas Sedlacek et Axel Kahn, notre moraliste antilibéral rousseauiste contemporain (A. Kahn, *L'Homme, le Libéralisme et le Bien commun*, Stock, 2013).

Mandeville fonde l'économie morale en louant l'immoralité de ses acteurs. Non sans un certain cynisme, il invente une économie des désirs qui prévaut sur une économie des besoins. Adam Smith en donne une version plus philosophique, les abeilles besogneuses ayant cédé la place aux instincts des hommes. Pour ces auteurs rangés dans le registre de l'économie et de la philosophie morale, le développement de la société repose sur les penchants égoïstes qui motivent l'esprit d'engagement, on dira entrepreneurial, des individus. Une des phrases le plus souvent mise en exergue est celle-ci : « les vices privés font les vertus publiques ». Dominique Strauss-Kahn a peut-être trop abusé de la fable des abeilles à force de butinage. Dommage, car on ne saura jamais ce qu'aurait pu être la dernière présidentielle si on n'avait pas donné un coup de pied dans la ruche.

Évidemment, impossible d'éviter la référence aux affaires qui touchent un François Fillon qui se fait tailler de vilains costumes dans les médias et dans une partie de l'opinion, sans oublier la justice avec sa mise en examen et celle de sa femme. D'un point de vue strictement moraliste, le maintien de sa candidature est inconcevable, mais l'homme a apparemment fait le « pari de Mandeville » : son obstination ressort comme une vertu censée refléter son aptitude à maintenir des convictions dans la tourmente. La nouvelle version de l'aphorisme de Mandeville devient « la France est plus grande que mes erreurs ». On dirait du de Gaulle, mais sans la substance. Évidemment, et comme on le dit chez les abeilles, cela a fait un sacré buzz sur les réseaux.

Mandeville, tout comme l'avocat Éric Dupont-Moretti, serait consterné par le buzz médiatique qui agite tous les réseaux du papier, des ondes et du numérique. La vie privée est devenue presque plus importante dans les débats que les programmes politiques. Quelle évolution de de Gaulle à Sarkozy et Hollande ! Et voilà qu'un candidat apparemment bien sous tous rapports, François Fillon, se fait rattraper par la patrouille moraliste qui finit par trouver un vice dans sa vie privée vertueuse. Il ne m'appartient pas de commenter cette actualité et ses acteurs, le paléoanthropologue ayant toujours besoin d'un minimum de recul, mais l'affaire montre en tout cas que la vie politique et la vie des politiques doivent s'affranchir de règles qui, admises jusque-là, ne le sont plus aujourd'hui. Mais la faute à qui ? Aux politiques qui ont mis en avant leur vie privée ? À des médias plus informés ou qui, disons plutôt, s'autorisent à investir des sujets et à diffuser des informations considérées jusque-là comme relevant du secret de la vie privée ? Ou encore à un consensus dans l'opinion qui s'est défait sur cette question ?

Où placer le curseur entre Mandeville et la transparence totale ? Le moralisme revendiqué a certainement à voir avec les renoncements et les échecs politiques d'honnêtes hommes comme Nicolas Hulot ou Axel Kahn. Il en va de même (je prends le risque de cet avis) pour d'autres personnalités comme Michel Rocard et Jacques Delors. Comme si les peuples cultivaient secrètement une perversité inconsciente que l'on pourrait nommer le « syndrome de Mandeville ». L'immoralisme ou l'impudeur révélés des autres, dont je ne citerai pas les noms, nous ont peut-être privés de grandes femmes et de grands hommes politiques. Entre l'immoralisme pragmatique de Mandeville et le moralisme de la transparence absolue, comment faire de la politique ? Il devient impératif de rechercher de nouvelles formes de consentement au risque de ruiner nos démocraties, si ce n'est la démocratie.

La question est d'actualité en France, comme aux États-Unis. Fin 2016, la Richard Nixon Presidential Library and Museum, située à Yorba Linda en Californie, a rouvert ses portes. Dans l'article consacré à ce non-événement paru dans *The Economist* daté de janvier 2017, le journaliste commence par cette question : « Est-ce qu'un homme malhonnête peut être un bon président ? » Après une visite critique du musée et quelques rappels sur la façon dont Nixon méprisait la presse, l'article conclut : « Aucun leader politique n'est un ange. Des hommes honnêtes ont fait de mauvais présidents (cf. Jimmy Carter). Mais la présidence n'est pas une fonction adéquate pour un homme dénué de morale. »

Attendons la suite et le jugement de l'histoire pour Barack Obama, François Hollande et Donald Trump. Peut-on d'ores et déjà en tirer une quelconque morale ? Aux États-Unis, des femmes et des hommes qui ont fait fortune dans le *business* sont les bienvenus en politique. C'est même un gage de qualité et de bon augure pour mener les affaires du pays. En France, au contraire, on considère que c'est suspect et presque indécent – il suffit de lire et d'entendre les commentaires sur le « banquier Macron ». Ah, Montesquieu et l'esprit des lois. Des mœurs et des cultures…

Pour Aristote, la politique exigeait la perception nécessaire du juste et de l'injuste, du bien et du mal, non pas seulement par rapport à soi mais aussi au groupe, ce qui nous renvoie à une réflexion de Rousseau, lui qui, dans *Émile ou de l'éducation*, s'interrogeait sur l'appartenance possible des grands singes au genre humain : « Ceux qui voudront traiter séparément la politique et la morale n'entendront jamais rien à aucune des deux. » Plus près de nous, Claude Lévi-Strauss insiste, dans *Tristes tropiques*, sur le concept de « consentement » qui confère sa légitimité au pouvoir et aux privilèges associés : les vertus privées importent moins tant que les vertus publiques sont respectées et que le pouvoir est bien exercé.

Les sociétés humaines et de chimpanzés ont toujours consenti certains privilèges à leurs leaders et même des entorses à la règle commune. Ni Mandeville ni Rousseau. Mais ce consensus est à réinventer et vite car, comme nous allons le voir dans la troisième partie, une sorte de planète des singes se profile déjà, avec comme protagonistes non plus des grands singes, mais des robots. Car vers quelle démocratie et quelle gouvernance allons-nous si nos vies numériques ne préservent plus nos vies privées ? Quelle citoyenneté et quelle souveraineté aurons-nous si, contrairement au Big Brother de *1984* d'Orwell (il y a aussi le film *Brazil* de Terry Gilliam de 1985), ce n'est plus un ordinateur central qui nous traque, mais ce que nous avons dans nos poches ? Comme nous allons le voir, nous glissons dangereusement sur la pente de la servitude (in) volontaire dénoncée par La Boétie en son temps. Allons-nous devenir des « moutons numériques », en référence au livre de Philip K. Dick de 1966 intitulé *Les Androïdes rêvent-ils de moutons électriques* ? Une smart démocratie est-elle possible avec le smartphone ?

TROISIÈME PARTIE

De la planète des singes à la planète des robots

En quoi les grands singes dont nous ne cessons de parler depuis le début de ce livre peuvent-ils nous aider à comprendre l'évolution fulgurante que nos sociétés actuelles connaissent, notamment autour de la question du travail ? Après tout, le lecteur aura compris au terme des deux parties précédentes que les singes et, surtout, les grands singes se révèlent bien plus humains qu'on ne le croit. Mais en quoi peuvent-ils nous éclairer dans nos espaces de plus en plus numérisés et robotisés ? À quoi bon l'intelligence animale (IA) quand arrive l'intelligence artificielle (IA) ?

Repartons de *La Planète des singes*, le célèbre roman publié en 1963. Pierre Boulle (à qui on doit aussi *Le Pont de la rivière Kwaï*, soit dit en passant) y révèle un monde dominé par les grands singes, les hommes se retrouvant dans une condition inhumaine, dans laquelle nous, les hommes actuels de la planète Terre, les maintenons encore de nos jours. L'inversion des rôles à laquelle on assiste, brutalement asymétrique et dystopique, nous met dans une situation insupportable. Comment l'humanité s'est-elle retrouvée dans cette condition ? Aucun des films n'a jamais repris ni le début ni la fin du roman, pas plus que la véritable raison de cette revanche simiesque sur l'humanité. On la découvre au chapitre VIII du livre, quand une femme cobaye se fait vider sa mémoire profonde par des neuroscientifiques chimpanzés. C'est ainsi que l'on apprend comment l'humanité a glissé d'elle-même dans l'indolence physique et intellectuelle, perdant ce qui avait fait d'elle la seule espèce capable de conquérir toute la Terre depuis sa sortie d'Afrique il y a deux millions d'années. Plus de cinquante ans après la parution de l'ouvrage de Boulle, ce que j'appelle le « syndrome de la planète des singes » est en train de se concrétiser avec l'arrivée massive de l'intelligence artificielle et des robots, ce que de nombreux auteurs appellent la « fin du travail ».

Mais quel rapport avec les grands singes, me direz-vous ? Revenons au cœur du XIXe siècle, à l'époque de la découverte de la diversité des singes, quand s'édifie l'idée d'évolution et que se développe la révolution industrielle. Victor Meunier, grand pionnier de la diffusion des sciences et militant sensible aux utopies socialistes, se pose la question de la domestication des singes pour remplacer les enfants, les femmes et les hommes au travail. Après *Les Animaux travailleurs*, il publie *Les Singes domestiques* (1886) avec cette citation en exergue : « Avec le chien nous avons conquis la nature, avec le singe nous fonderons la société heureuse. » Une utopie cynique à laquelle les singes se sont refusés jusque-là et dont on retrouve une version dans *Les Animaux dénaturés* de Vercors (1952). L'idée est de libérer les femmes et les hommes du dur labeur dans les champs, les usines et les mines. Meunier n'aurait jamais imaginé que nous y soyons presque parvenus, tant le nombre de paysans, de mineurs et d'ouvriers a fondu depuis la fin du XXe siècle avec la mécanisation, l'automatisation et l'informatique, sans les grands singes au travail et en attendant l'intelligence artificielle et les robots.

La planète des robots arrive à grands pas, en attendant qu'ils se mettent à marcher. Nous nous dirigeons à la vitesse du numérique dans des sociétés dans lesquelles l'éducation, la formation et le travail correspondent de moins en moins à ce qui induit d'ores et déjà une évolution inouïe dans l'histoire de l'humanité. Le tsunami numérique, l'intelligence artificielle et des robots de plus en plus auto-apprenants façonnent une nouvelle écologie aux intelligences multiples. Comment nous adapter à ce nouveau monde dont nous sommes les acteurs plus ou moins conscients ?

C'est justement pour édifier sur de bonnes bases cette nouvelle société connectée et mondialisée qui s'impose à nous que nous avons plus que jamais besoin de l'éthologie et des grands singes. Pas en faisant travailler les grands singes, mais en prenant conscience que si nous ne sommes pas capables de comprendre l'intelligence de nos cousins d'évolution, nous serons désemparés devant celle des machines que nous créons. L'homme a toujours été un *deus ex machina*, mais gare au syndrome de la planète des robots, avatar moderne du syndrome de la planète des singes. Alors IA ou IA ? Notre seule chance est l'AI : l'intelligence augmentée.

CHAPITRE 1

La prémonition de Pierre Boulle

Comment les grands singes ont-ils pris le pouvoir sur la planète Soror ? Le film culte de Franklin J. Schaffner de 1968 se termine par la révélation de la destruction de l'humanité à la suite d'un conflit que l'on suppose nucléaire (la guerre froide et la dissuasion nucléaire atteignent leur paroxysme au cours des années 1960). Il baigne dans une sorte d'ambiance protohistorique avec une société de grands singes pourtant très avancée dans le domaine des « sciences humaines » et expérimentales – paradoxe rarement souligné dans les commentaires. Celui de Tim Burton sorti en 2001, certainement pour marquer l'entrée dans le nouveau millénaire, reprend le mythe du meurtre originel à partir d'un vaisseau spatial échoué sur une planète, les grands singes captifs ayant profité de ce naufrage spatial pour installer leur dominance. À lire les commentaires des internautes, on constate une grande incompréhension à propos de la scène finale. En fait, Burton ne fait qu'adapter la fin de la nouvelle de Pierre Boulle quand les évadés de la planète des singes se retrouvent enfin sur la Terre, se croient sains et saufs, mais accueillis par des forces de l'ordre composées de grands singes.

Dans la nouvelle, la scène se passe à Orly avec des pompiers-gorilles ; pour le film de Burton, c'est au pied de la statue d'Abraham Lincoln du Capitole avec des policiers chimpanzés. Mais qui a lu la nouvelle de Pierre Boulle ? Dans la version de 2011, *La Planète des singes : les origines* de Rupert Wyatt, la libération des grands singes, qui n'ont pas encore conquis la planète, commence par une extinction massive provoquée par un virus développé sur les chimpanzés. Ce drame se réfère aux publications scientifiques évoquant les maladies contagieuses transmises aux hommes par les grands singes comme le sida ou Ebola, tout en fustigeant les apprentis sorciers qui se complaisent dans des expériences qui ne respectent pas le principe de précaution, notamment entre espèces proches, et encore moins les règles minimales d'éthique pour l'expérimentation animale. Mais, une fois de plus, ce n'est pas la cause donnée dans la nouvelle de Pierre Boulle.

Le syndrome de la planète des singes

Il faut revenir au texte original et, plus précisément, au début du chapitre VIII. Car aucune catastrophe ne favorise la domination des grands singes, si ce n'est une humanité devenue décadente et qui a abandonné ce qui fait l'homme depuis deux millions d'années ; c'est ce que j'appelle depuis quelques années déjà le « syndrome de la planète des singes ».

La scène se passe au cours de la visite de la « section encéphalique » du laboratoire de neurobiologie et de psychologie expérimentale tenu par des scientifiques chimpanzés et leurs assistants gorilles. Ulysse Mérou, le héros humain, découvre les diverses ablations opérées dans les différentes parties du cerveau et leurs conséquences sur les comportements de ses congénères. C'est insoutenable alors qu'il s'agit de lobotomies qui ont été pratiquées sur des enfants au cours des années 1960 ; avant Françoise Dolto, on lobotomisait les enfants agités. Même si les savants chimpanzés respectent toutes les conditions de l'éthique scientifique, utilisant des anesthésiques et évitant que les humains ne souffrent, nous partageons un profond malaise avec le héros. C'en est trop et notre bonne conscience vacille.

Hélius, le chimpanzé directeur de la division encéphalique, ménage son effet. Son but est de préparer Ulysse à contempler sa plus grande réussite expérimentale qui consiste à extraire la mémoire profonde, ancestrale, d'une femme complètement anesthésiée et truffée d'électrodes. Il capte ce qu'il appelle la « mémoire de l'espèce » : « Ce sont les souvenirs d'une très lointaine lignée d'ancêtres qui renaissent dans son langage, sous l'excitation électrique ; des souvenirs ataviques ressuscitant un passé vieux de plusieurs milliers d'années. Comprenez-vous Ulysse ? »

Ulysse, choqué, pense que la folie existe chez les singes, particulièrement chez les intellectuels. La pauvre femme, soumise à cette psychanalyse électrique inconsciente, commence à s'exprimer en langage simien et dit ceci : « Ces singes, tous ces singes [...], depuis quelque temps, ils se multiplient sans cesse, alors que leur espèce semblait devoir s'éteindre à une certaine époque. Si cela continue, ils deviendront aussi nombreux que nous. Et il n'y a pas que cela. Ils deviennent arrogants. Ils soutiennent notre regard. Nous avons eu tort de les apprivoiser et de laisser une certaine liberté à ceux que nous utilisons comme domestiques. Ce sont ceux-là les plus insolents. L'autre jour, j'ai été bousculée dans la rue par un chimpanzé. Comme je levais la main, il m'a regardée d'un air si menaçant que je n'ai pas osé le battre. » (Cette situation a inspiré la scène d'introduction de *I, Robot,* le film de science-fiction d'Alex Proyas.) Elle continue son récit et évoque un événement lu dans *Le Journal de la Femme* : un chimpanzé s'est mis à parler ! (dans son film, Wyatt en fait une scène qui nous fait frissonner quand le leader des chimpanzés se redresse et dit : « César est chez lui. ») De plus en plus de grands singes se mettent à parler, refusent d'obéir et insultent ceux qui sont encore leurs maîtres, mais pas pour longtemps. « Ce qui nous arrive était prévisible. Une paresse cérébrale s'est emparée de nous. Plus de livres, les romans policiers sont même devenus une fatigue intellectuelle trop grande. Plus de jeux ; des réussites à la rigueur. Même le cinéma enfantin ne nous tente plus. Pendant ce temps, les singes méditent en silence. Leur cerveau se développe dans la réflexion solitaire… et ils parlent. »

Tel est donc le syndrome de la planète des singes : des femmes et des hommes servis par des machines et des grands singes qui, sombrant dans le confort et la paresse physique et intellectuelle, passent du statut d'*Homo sapiens* à *Homo consommatus*. Actuellement, des dizaines de millions de personnes du monde occidentalisé ne lisent plus, ne marchent plus, ne réfléchissent plus. Elles se contentent de répondre aux flots des messages futiles des réseaux sociaux et aux stimuli des annonces commerciales. Les dernières études statistiques et épidémiologiques décrivent une baisse de l'espérance de vie comme du QI, avec de grandes disparités entre les pays, l'Amérique du Nord accusant un vrai déclin, tandis que la France, les pays d'Europe du Nord et le Japon maintiennent leurs acquis avec encore quelques perspectives d'améliorations modestes.

La première cause désignée est la pollution des cités. Comme dans toutes les versions de *La Planète des singes* portées à l'écran, on invoque des causes catastrophiques pour expliquer la fin possible de l'homme, mais personne n'a porté attention à ce passage de la nouvelle de Pierre Boulle qui fait écho au *Meilleur des mondes* d'Aldous Huxley. (Il est plaisant de souligner que le grand-père d'Aldous, Thomas Huxley, défendit avec brio le statut quasi humain du gorille un siècle plus tôt au cours d'un épisode fameux de l'histoire du darwinisme intitulé « La guerre du gorille ».) Or il est fort probable que les causes même de la déchéance de l'humanité ne proviendront pas des grands signes ou des robots – si les premiers disparaissent dramatiquement vite, les autres arrivent à toute vitesse –, mais de notre soumission à la passivité musculaire et neuronale (P. Picq, *La Marche : sauver le nomade qui est en nous*, Autrement, 2015).

Il y a peu de risque que les plus de 7 milliards d'humains se retrouvent dominés par les quelques milliers de grands singes vivant encore sur la Terre et dont le destin funeste semble scellé pour 2050. Ils ne survivront pas jusqu'en 2500, date de la fiction écrite par Pierre Boulle. À moins que, comme dans *La Planète des singes : les origines* de 2011, un virus n'anéantisse la majorité de l'humanité, devenue majoritairement urbanisée (les deux tiers à l'horizon de 2050) et établie dans des mégalopoles le plus souvent situées près des côtes, ce qui ne serait pas sans rappeler le tremblement de terre de Lisbonne et le tsunami de 1755 qui traumatisa l'Europe naissante des Lumières. Mais nos civilisations négligent aussi le volcanisme, préférant s'inquiéter de l'éventuel choc avec un météorite égaré, comme pour la fin des dinosaures, et oubliant la gigantesque éruption du Tambora en 1815 qui a profondément marqué l'histoire de nos sociétés modernes, retardant d'un demi-siècle la transition entre le projet des Lumières et sa mise en œuvre sous le nom de progrès. En attendant les virus, les éruptions volcaniques et les tsunamis, l'humanité postmoderne œuvre déjà à son déclin, de la même façon que par le passé notre espèce *Homo sapiens* a œuvré à sa solitude en menant à l'extinction les autres espèces humaines contemporaines il y a trente mille ans et comme elle le fait aujourd'hui avec les grands singes. (P. Picq, *De Darwin à Lévi-Strauss : l'homme et la diversité en danger*, Odile Jacob, 2013 ; *Le Retour de Madame Neandertal ou comment être sapiens*, Odile Jacob, 2015).

Les dystopies, des Sélénites aux grands singes

À cause du succès des films qui s'en sont inspirés, on a peu lu le livre de Pierre Boulle dont le texte s'inscrit dans la brillante tradition des dystopies – l'opposé des utopies. Le premier essai du genre est celui de Savinien de Cyrano de Bergerac – le vrai, l'auteur des *États et Empires de la Lune et du Soleil* publié à titre posthume. Ces textes fondateurs inventent un nouveau genre littéraire qui attend son nom : la science-fiction. Mais plus encore, c'est la première dystopie avec une approche anthropologique révolutionnaire – on parle d'anthropologie cyranienne, appelée à d'immenses succès. Bergerac invente une situation dans laquelle la situation de son héros est exactement la même que celle reprise par Pierre Boulle, mais face aux habitants de la Lune, les Sélénites, et non pas à des grands singes. Il y a une filiation, une évolution directe, entre ces textes de Cyrano de Bergerac jusqu'au film *Avatar* de James Cameron (2009) en passant par le récit de Kafka, déjà évoqué, *Un compte rendu pour une académie* (1917) et, évidemment, *La Planète des singes* de Pierre Boulle. On retrouve dans toutes ces œuvres littéraires des scènes identiques, comme celles des procès ou des auditions devant des académies incrédules campées sur les principes du canon de Morgan (voir *infra*).

À l'époque de la sortie du livre de Boulle, on ne connaît que très peu de chose sur les comportements sociaux des grands singes. Par contre, saluons le génie de ces auteurs fabuleux des années 1960 qui annoncent les bouleversements sur les origines de l'homme à partir des rares connaissances de cette époque mais en s'intéressant à son devenir. Citons *Pourquoi j'ai mangé mon père* de Roy Lewis (1960 ; traduit par Vercors, l'auteur des *Animaux dénaturés*) ; *Lettre sur les chimpanzés* de Clément Rosset (1965) et *Le Singe nu* de Desmond Morris (1967). Une décennie prodigieuse au moment où s'affirme la conquête spatiale avec quelques chimpanzés envoyés en vol orbital avant d'y expédier des hommes alors que – et quel paradoxe ! – on commence à peine à les observer sur la Terre. En effet, les premières études sur les grands singes commencent à peine sur la Terre quand le premier hominoïde à faire un petit aller et retour dans l'espace est le jeune chimpanzé Ham avec le vol *Mercury Redstone* du 31 janvier 1961 (Ham étant l'acronyme d'un laboratoire dans la recherche spatiale). Puis c'est le premier vol orbitaire du chimpanzé Enos sur *Mercury Atlas 5* le 29 novembre 1961. (*Enos* signifie « âme de l'homme » en langue hébraïque, tandis qu'Adam se réfère au corps et à la matérialité de l'homme). Les grands singes auraient pu gagner la conquête de l'espace. Mais Youri Gagarine fait quelques révolutions autour du globe le 12 avril 1961 avec *Soyouz 1*. Le 25 mai 1961 le président John Kennedy annonce le projet de la conquête de la Lune devant le Congrès américain le 25 mai 1961. Hélas, Enos arrive trop tard, comme si les grands singes étaient condamnés à être en retard sur l'homme à la fois dans l'évolution sur la Terre et dans l'espace. C'est ce qu'on a cru avant la publication de *La Planète des singes.*

Le génie de Boulle est de faire narrer l'histoire par deux chimpanzés faisant du tourisme dans l'espace. Il propose un roman à la fois dystopique et dioptrique. La dystopie s'oppose à l'utopie et la critique en développant une vision sombre du futur. Après *La Cité de Dieu* de saint Augustin, la Renaissance se nourrit de l'idée d'utopie, dont l'étymologie signifie « de nulle part » avec *La Cité du Soleil* de Campanella, *La Nouvelle Atlantide* de Francis Bacon et, bien sûr, *L'Utopie* de Thomas More. Les premiers grands récits fustigeant les utopies, qualifiés souvent de fantaisistes, évoquent des voyages imaginaires, comme *L'Histoire comique des États et Empires de la Lune* et *L'Histoire comique des États et Empires du Soleil* de Cyrano de Bergerac ou *Les Voyages de Gulliver* de Jonathan Swift. Bien que ne pouvant pas connaître les grands singes en son temps, Cyrano de Bergerac invente des situations riches d'intuition en décrivant combien les hommes se comportent comme des singes dénaturés en ayant opté pour la marche debout, attitude arrogante et dominatrice. C'est bien là la seule allusion aux singes ou aux grands singes dans toute cette littérature qui ne mentionne jamais les animaux ou la nature. Car l'utopie situe l'homme dans un lieu dénué de toute évocation de la nature, ce qui l'entoure n'étant qu'architecture. La dystopie décrit un monde plus sinistre, tout aussi à l'écart de la nature. C'est là que le récit de Pierre Boulle se distingue des autres dystopies en proposant une autre évolution sur une autre planète et avec des grands singes devenus humains et dans des cités identiques aux nôtres.

Les utopies prennent un tour très politique à la fin du XIXe siècle alors que se consolident les théories de l'évolution. L'engouement pour le progrès se confond avec une conception très progressiste de l'évolution de la lignée humaine, qui passe par l'outil et la maîtrise de la nature. Engels et Marx s'intéressent à cette grande vision, avant de l'abandonner. Le socialisme utopique et l'utopie communiste ne conçoivent que l'avenir du genre humain libéré des contraintes de la nature et de celles du capitalisme. Divers récits dystopiques critiquent cette illusion, comme *1984* de George Orwell, sans oublier un sympathisant socialiste ayant perdu ses espoirs comme Herbert George Wells dans *La Guerre des mondes*. La dystopie n'est pas en reste envers la société américaine de consommation avec *Le Meilleur des mondes* d'Aldous Huxley. Sans entrer dans les détails, beaucoup de ces auteurs modernes étaient soit socialistes, soit liés de près à des évolutionnistes célèbres – comme les Huxley –, à l'instar d'Alfred Russel Wallace, le co-inventeur de la sélection naturelle avec Charles Darwin. Mais dans ces utopies et ces dystopies, il n'est jamais question de singes. C'est une affaire d'homme à homme comme l'évoque le titre de l'excellent film *Man to man* de Régis Wargnier (2005) inspiré, en partie, des *Animaux dénaturés* de Vercors.

La Planète des singes est aussi un roman dioptrique, en référence aux lois de la réfraction de la lumière au passage d'une surface séparant deux milieux. L'écriture reste d'un style simple, sans création fictionnelle ni intrigue compliquée. Toute l'histoire se passe dans notre monde et la banalité de nos sociétés modernes avec des villes, des voitures, des avions, des soldats, des magasins, des politiques, des scientifiques, des policiers, etc. Alors pourquoi a-t-il un tel effet sur nous ? Parce qu'il inverse les rôles ; il nous fait passer de l'autre côté du miroir. C'est aussi simple que génial ! Les hommes sont devenus des animaux et les grands singes des humains. Les grands singes se comportent envers les hommes comme nous le faisons sur notre planète envers les grands singes. Ils sont même mieux traités que nous avions encore coutume de le faire il n'y a encore pas si longtemps.

Si Pierre Boulle ne connaît pas les comportements des grands singes dans la nature, il se montre très au fait des expériences menées dans les laboratoires. Après sa capture par les gorilles après une chasse tout à fait banale quand on est du bon côté du fusil, mais terrifiante vue par une proie consciente, le héros Ulysse Mérou – franchement, un nom à se faire tirer dessus comme un lapin, ce qui arrive d'ailleurs au cours de cette chasse à l'homme – se retrouve en cage dans un institut de recherche en *anthropologie* ! D'abord indigné, puis tenté par la révolte, il coopère de façon intelligente jusqu'à se faire remarquer par les gardiens et les chercheurs, dont la délicieuse Zira, adorable chimpanzé assistante de recherche. Ulysse passe les tests avec aisance, d'abord parce qu'il est un excellent joueur d'échecs et aussi parce que les tests sont ceux qu'il connaît pour être utilisés sur les grands singes étudiés dans les laboratoires de la planète Terre. Mais cela ne suffit pas, car le grand professeur Zaïus directeur de l'Institut, un orang-outang très imbu de son statut de mandarin, applique la loi de C. Lloyd Morgan.

Conwy Lloyd Morgan (1894-1951) est un des pionniers de la psychologie comparée. Son œuvre la plus connue reste *L'Évolution émergente* (*Emergent Evolution*, 1923) et *L'Émergence de la nouveauté* (*Emergence of Novelty*, 1933) – parmi de nombreux ouvrages importants sur la psychologie animale. Sa loi ou canon de Morgan peut s'énoncer ainsi : nous ne devons en aucun cas interpréter une action animale comme la conséquence de l'expression d'une faculté mentale supérieure, si la même activité peut être expliquée comme la conséquence d'une activité mentale moins élevée. (*"In no case may we interpret an action as the outcome of the exercise of a higher psychical faculty, if he can be interpreted as the outcome of the exercise on one which stands lower in the psychological scale"*, *An Introduction to Comparative Psychology*, 1894). Cet avertissement méthodologique visait à éviter le piège de l'anthropomorphisme. Mais, pour autant, il n'est pas une invitation au réductionnisme, notamment celui des mécanismes prônés par l'école béhavioriste, la grande école américaine de psychologie évoquée dans le film, *Mon oncle d'Amérique* d'Alain Resnais (1980). Il n'y a pas que les chimpanzés savants qui se perdent en conjectures sur les origines de capacités mentales dites supérieures et dans les chausse-trappes du dualisme (P. Picq, « Préface » *in* Charles Darwin, *L'Instinct*, L'Esprit du temps, 2009).

La loi de Morgan postule donc que si on peut proposer une explication de plus bas niveau pour rendre compte d'un comportement, il n'est pas utile d'aller rechercher une interprétation de niveau plus élevé. En des termes plus béhavioristes, si un chimpanzé s'acquitte d'une tâche complexe, il faut explorer toutes les possibilités de la génétique, des instincts et du conditionnement réflexe plutôt que d'invoquer la raison et la réflexion comme on le fait *naturellement* pour un homme qui effectuerait la même tâche. Le héros de Boulle se retrouve à son tour confronté à cette inversion d'interprétation et nous lecteurs, partageant à la fois sa situation et ses pensées, nous nous insurgeons contre l'absurdité de ce principe, non plus par la force d'une réfutation scientifique, mais par empathie. C'est là toute la puissance du roman qui éveille en nous la colère envers ces grands singes prétentieux alors que, par dioptrie, c'est de notre honte d'agir ainsi envers nos frères d'évolution dont il s'agit.

Notre héros commence à comprendre ce qui s'est passé sur cette étrange planète où régnait une civilisation humaine identique à celle qu'il avait quittée. Les grands singes ont pris le pouvoir et, grâce à leur grande faculté d'imitation, ont remplacé les humains dans tous les rouages de la société avec les mêmes institutions et les mêmes machines. Ils ont accompli assez peu de progrès, les plus marquants étant en neuropsychologie. Dans la terrible expérience infligée à la femme cobaye par les neurobiologistes simiens, on touche d'ailleurs à une sorte de « psychanalyse » par la libération inconsciente de la parole. Pour Freud, qui connaissait très bien les théories de Darwin et l'ethnologie (P. Picq, « Darwin, Freud et l'évolution », *Psychanalyse : les dessous du divan*, SPS, 293, hors-série, 2010), comme pour d'autres psychanalystes à sa suite, notre inconscient garderait en effet des traces de notre vie préhistorique, de ce passé que la honte de nos origines conduit à refouler.

Reprenons. Que sait-on du « peuple singe » quand Pierre Boulle publie son roman ? Pas grand-chose. On en connaît un peu plus quand le film de Franklin J. Schaffner sort sur les écrans en 1968, mais cela reste encore du domaine restreint des publications spécialisées. Quelques pionnières et pionniers de la découverte des grands singes jouissent d'une certaine reconnaissance, comme Junichiro Itani (1926-2001) et Toshisada Nishida (1941-2011) qui s'installent à Mahale, sur les bords du lac Tanganyika en Tanzanie, ou Adriaan Kortlandt (1918-2009) au Congo pour observer les chimpanzés. Les plus connues sont les trois « anges de Leakey », en hommage à Louis Leakey, le grand pionnier, avec sa femme Mary, de la paléoanthropologie africaine et qui comprend toute l'importance fondamentale d'engager des recherches sur l'éthologie des grands singes pour éclairer les origines de l'homme. Ces femmes sont Jane Goodall, qui commence ses observations sur les chimpanzés au parc de Gombe Stream sur les rives du lac Tanganyika en 1960, Dian Fossey qui s'établit parmi les gorilles des montagnes de la Brume au Rwanda en 1963, et Biruté Galdikas qui étudie sur le terrain les orangs-outangs de Bornéo en 1971. Ce sont les protagonistes d'études à long terme qui vont bousculer les certitudes sur notre exception humaine, bâties sur des millénaires d'ignorance et d'arrogance, encore à peine ébranlées aujourd'hui, il faut bien en convenir.

Les quelques éthologues cités sont connus pour avoir étudié les grands singes hominoïdes – chimpanzés, gorilles, orangs-outangs – que les anglophones nomment *apes* – tout naturellement, les titres anglais du roman de Boulle et des films qui en sont inspirés deviennent *The Planet of the Apes*. Cela laisse de côté une autre planète, bien plus diversifiée, celles des singes dits à queue ou cercopithécoïdes – macaques, babouins, entelles, cercocèbes, cercopithèques, nasiques, patas, etc. – que les anglophones appellent *monkeys* et représentés par plus d'une centaine d'espèces réparties sur l'Ancien Monde, c'est-à-dire l'Afrique, l'Europe et l'Asie. Si on ajoute ceux des Amériques, cela fait une quarantaine d'espèces supplémentaires. Tous ces singes représentent le Tiers État des primates, organisé autour de l'homme souverain et sa cour restreinte de grands singes hominoïdes. Car, en dépit des prodigieuses avancées des connaissances sur les singes et les grands singes depuis les années 1960, nos représentations de leur diversité, de leurs classifications et de leur évolution s'accrochent obstinément à l'ancien régime anthropocentrique. L'homme et les grands singes sont des fins de lignées – un esprit voltairien, agacé par l'arrogance d'une noblesse décrépite, dirait des « fins de race » – qui s'accrochent à de vieilles valeurs désuètes qui risquent de nous mener à notre perte.

Imaginons un petit voyage dans l'espace-temps, comme celui de deux personnages Jinn et Phyllis que l'on rencontre au début du roman de Pierre Boulle. Ils se baladent, font du tourisme intersidéral dans une sorte de voilier à énergie solaire. En chemin, ils attrapent une bouteille à la dérive dans laquelle ils trouvent un manuscrit. Tout le roman consiste en la lecture de l'étrange aventure d'un homme, Ulysse Mérou, qui s'est retrouvé sur une planète dominée par des grands singes. Nos deux touristes finissent par penser qu'il s'agit d'une fiction peu vraisemblable. Ils délaissent le manuscrit avant que nous apprenions à la toute fin que Jinn et Phyllis sont des... chimpanzés.

Imaginons maintenant que notre héros Ulysse Mérou s'échoue quinze millions d'années avant aujourd'hui, alors il serait vraiment sur la planète des grands singes hominoïdes. Que s'est-il passé ? Tout simplement une évolution bien connue des paléontologues, et encore trop ignorée du grand public. Et là pas question de jeter le manuscrit aux confins de l'espace puisqu'il est écrit par les fossiles inscrits dans les sédiments de la Terre (P. Picq, *Premiers hommes*, Flammarion, 2016).

Au cœur d'une période appelée le miocène (25 à 5 millions d'années), nos ancêtres hominoïdes dominent dans les forêts d'Afrique et, à partir de 17 millions d'années, dans celles de la frange méridionale de l'Eurasie. Ils occupent toutes les niches écologiques, du sol au plus haut de la canopée, avec un éventail d'espèces de toutes les tailles, de quelques kilogrammes à une centaine de kilogrammes (P. Picq, *Il était une fois la paléoanthropologie*, Odile Jacob, 2010). À partir de 5 millions d'années, ils se retrouvent en concurrence avec la montée en diversité des cercopithécoïdes, ancêtres des babouins, des macaques, des entelles, des cercopithèques… (une centaine d'espèces de nos jours), qui s'adaptent mieux au rythme des changements climatiques dictés par les glaciations. Les hominoïdes européens ou dryopithécidés s'éteignent après la disparition des forêts chaudes à la suite de l'assèchement de la Méditerranée consécutif à la fermeture du détroit de Gibraltar vers 7 millions d'années ; c'est l'événement dit du messinien (P. Picq, *Premiers hommes*, Flammarion, 2016). La lignée des grands singes asiatiques – les pongidés – recule devant l'avancée des macaques, se réduisant aujourd'hui aux derniers orangs-outangs de Sumatra et de Bornéo, ultimes refuges. Heureusement, notre lignée africaine, celle des hominidés, se déploie dans un dernier baroud d'honneur des hominoïdes. Pas moins de trois candidats fossiles autour des origines de la lignée des chimpanzés et de celle des hommes avec Toumaï (*Sahelanthropus tchadensis*) du Tchad, *Orrorin tugenensis* du Kenya et *Ardipithecus ramidus* d'Éthiopie ; tous sont africains et compris entre 7 et 5 millions d'années.

On ignore à peu près tout de l'évolution de la lignée des gorilles et des chimpanzés. On en sait de plus en plus du côté de la lignée humaine, comme la grande radiation des australopithèques avec Lucy (*Australopithecus afarensis*), entourée d'au moins quatre autres espèces, dont *Australopithecus sediba* d'Afrique du Sud annoncée récemment, presque toutes contemporaines et datées de 4 à 2 millions d'années. Puis c'est au tour des premiers hommes et affiliés entre 2,5 et 1,5 millions d'années, dont des hommes incontestables : les *Homo ergaster*. Alors que se dessine la planète des cercopithécoïdes et tandis que celle des hominoïdes régresse comme peau de chagrin, *Homo ergaster* se lance à la conquête de l'Ancien Monde depuis l'Afrique et installe la dominance de son genre. Le grand bipède de plus en plus prométhéen se diversifie et s'étend vers des latitudes et des altitudes toujours plus hautes depuis l'Espagne jusqu'à la Chine. À ce jour, on répertorie au moins cinq espèces d'hommes, ce qui veut dire des hommes biologiquement différents, donc ne pouvant pas se reproduire entre eux : les Neandertaliens (*Homo neanderthalensis*) sur l'Europe, l'Asie occidentale et une partie du Proche-Orient, les Dénisoviens en Asie centrale et orientale (*Homo denisoviensis*), les petits hommes isolés de l'île de Florès à l'est de Java (*Homo floresiensis*), les hommes de Solo à Java (*Homo soloensis*) et nous, les *Homo sapiens*. Par-delà les controverses, on ne décrit pas moins de quatre espèces sur l'Ancien Monde autour de 100 000 ans, une petite planète des hommes. Aujourd'hui, il ne reste qu'une seule espèce d'homme répartie sur toute la Terre, la nôtre. Alors, triomphe ou fin annoncée ?

Pierre Boulle ignorait tout cela, puisque ces espèces d'hommes fossiles n'étaient pas encore connues et reconnues. Mais, rétrospectivement, *La Planète des singes* – entendre des grands singes – prend une tournure prémonitoire. Dans le roman, la civilisation humaine s'est éteinte, léguant ses acquis culturels et techniques aux grands singes, qui ont peu progressé. En regard de ce que l'on sait de notre évolution, et sachant combien le succès évolutif et adaptatif de notre espèce passe par le déclin et l'extinction des espèces les plus proches de nous, on doit se poser la question du devenir prochain de l'homme et de sa planète (P. Picq, *De Darwin à Lévi-Strauss*, Odile Jacob, 2013).

Dans le livre, Ulysse Mérou gagne la confiance de la gentille Zira. On retrouve là une attitude propre à la culture occidentale, mais pas qu'elle, envers les femmes, concernant notamment leur empathie envers les animaux, laquelle n'a été bien analysée que des années plus tard (P. Picq, *Nouvelle histoire de l'homme*, Perrin, 2005). De quoi s'agit-il ? C'est l'idée archaïque qui postule que les femmes, par leur « nature » même, seraient plus enclines à mieux comprendre les animaux, comme elles le font avec les jeunes enfants. Pierre Boulle, peut-être sans le savoir, reproduit ici un travers très « humain » de l'éthologie confrontée à la différence idéologique entre les sexes dans notre espèce. D'une certaine façon, Zira joue le rôle des « anges de Leakey », mais sa relation avec Ulysse va plus loin. Leur empathie intellectuelle réciproque aboutit à ce magnifique baiser dans le film de 1968, mais à une réaction finale de rejet, chacun se ravisant en voyant comment l'autre est affreux physiquement. Vous avez le bon baiser de Darwin.

Quoi qu'il en soit, grâce à la complicité de Zira, Ulysse provoque un coup de théâtre devant l'Académie des sciences des grands singes. Entré nu et enchaîné, il ressort libre et sous les applaudissements (mais pas encore vêtu). Son discours évoque les aléas de l'évolution, qui ont fait que les êtres intelligents sont des grands singes sur la planète Soror alors que ce sont des hommes sur la planète Terre. Là aussi, quelle prémonition ! En ce début de XXIe siècle, nous n'avons pas encore fini de faire l'inventaire de toutes les caractéristiques « humaines » des chimpanzés, (P. Picq, *Au commencement était l'homme*, Odile Jacob, 2003). La reconstitution de nos origines communes avec les chimpanzés – qu'on appelle le dernier ancêtre commun – nous amène à cette question : mais comment, en partant d'un tel patrimoine comportemental et cognitif si élevé – pardon, si humain ! –, les uns sont-ils devenus des chimpanzés et les autres des hommes ?

La déclaration solennelle d'Ulysse devant l'assemblée des singes savants rappelle ce texte peu connu de Franz Kafka *Un compte rendu pour une académie* (1917). On lit la longue intervention d'un singe sur son évolution dans le monde des hommes depuis sa capture sur « la Côte-d'Or » jusqu'à l'invitation qui lui est faite par les académiciens de donner une conférence sur sa « métamorphose ». À sa lecture, il ne fait aucun doute que Pierre Boulle s'en est directement inspiré puisqu'on y retrouve les situations de la première moitié de *La Planète des singes* à propos de la chasse, de l'attitude en captivité, du privilège de se voir attribuer une jolie femelle à l'intellect limité, d'établir les relations avec les gardiens, etc.

Dans le processus d'hominisation chez le singe de Kafka comme dans celui de « simiesquisation » d'Ulysse figurent des expériences déjà très avancées sur la psychologie des chimpanzés, notamment l'apprentissage du langage. (C'est aussi le cas dans le film de Rupert Wyatt de 2011, *La Planète des singes : les origines*.) Cet enseignement entraîne une relation d'échanges entre individus de deux espèces différentes qui établissent des relations empathiques très particulières, avec des conséquences troublantes. Quand on demande à un chimpanzé élevé par des hommes et habitué à communiquer avec eux par une forme de langage s'il se sent plus humain que simien, il revendique son statut d'humain. Quand on lui fait trier des photographies d'hommes et de femmes connus et d'autres de chimpanzés tout aussi connus, il range son portrait du côté des humains, délaissant ses congénères non instruits. Autre histoire : dans une autre circonstance, non recherchée, et à la suite d'un épisode un peu dramatique dans le monde de la recherche à la fin des années 1970, des chimpanzés ayant appris le langage gestuel ont été renvoyés dans des animaleries avec d'autres congénères utilisés pour la recherche médicale. Lorsque le chercheur Roger Fouts vint rechercher son amie la chimpanzé Washoe, celle-ci lui dit par signes : « Retire-moi de là ; je ne suis entourée que d'animaux. » C'est exactement ce qui arrive à Ulysse sur Soror, mais en passant de l'homme au singe, autrement dit de la bête au simien.

Alors, est-ce que les grands singes vont prendre le pouvoir sur la Terre ? Rien dans *La Planète des singes* ne nous prépare à la chute finale. Pour nous, Jinn et Phyliss sont des humains qui lisent un manuscrit égaré dont l'histoire leur semble invraisemblable. Nous soupirons, jusqu'à ce qu'on découvre leur identité de chimpanzé. C'est le choc que nous prenons aussi en plein face à la fin du film de Tim Burton de 2001 quand les humains, échappés de la planète des singes, arrivent sur la Terre et échouent sur les marches du Capitol, sains et saufs. On est soulagé. Nous avons à peine repris notre respiration qu'ils se font cueillir par des grands singes policiers. De même pour Ulysse Mérou qui revient sur la Terre après un atterrissage à Orly et voit arriver vers lui des gorilles pompiers. Le cauchemar est réalité ! Évidemment, tout cela reste complètement invraisemblable pour les humains que nous sommes. Mais c'est exactement la réaction de nos deux touristes de l'espace, les chimpanzés Jinn et Phylliss, qui renvoient le manuscrit dans la froideur du cosmos, comme tant d'autres sur la Terre, refusant de lire *L'Origine des espèces* de Charles Darwin (1856) et, surtout, *La filiation de l'homme en relation avec la sélection liée sexe* (1871).

Exactement un siècle après la mort de Charles Darwin, Frans De Waal publie *Sex and Politics in Chimpanzees* en 1982 (*La Politique du chimpanzé*, Odile Jacob, 1992). Le livre a un certain succès chez les personnes intéressées par les grands singes et l'éthologie. Cependant, il faut attendre mon film de 1998, *Du rififi chez les chimpanzés* dans le cadre de la soirée *Thema* d'Arte intitulée *Le Singe, cet Homme* pour qu'on découvre combien les sociétés de chimpanzés ressemblent aux nôtres. (Le pays de Descartes, de l'animal machine et de l'anthropocentrisme irrationnel se distingue par son retard en éthologie et en robotique ; peu de personnes savent que l'auteur de *La Planète des singes* est français.) Depuis, notre regard a changé à propos de nos frères d'évolution (P. Picq *et al.*, *Les Grands Singes : l'humanité au fond des yeux*, Odile Jacob, 2005).

La Terre peut-elle devenir la planète des singes ? Si le genre *Homo* n'avait pas entamé sa formidable expansion depuis deux millions d'années, il est fort probable qu'il aurait pu en être ainsi. Mais l'homme domine, peut-être trop et jusqu'à devenir sa propre menace (P. Picq, *Il était une fois la paléoanthropologie,* Odile Jacob, 2010). Pour l'heure, ce sont les grands singes qui sont en danger, car coincés entre l'expansion des populations humaines et celle de toutes les espèces de singes à queue (dont beaucoup très fragilisées elles aussi).

La paléoanthropologie et l'éthologie, du côté de nos origines communes, et *La Planète des singes,* du côté d'un avenir commun incertain, nous disent, comme l'explique si bien Ulysse Mérou devant l'assemblée des singes savants, que l'évolution des grands singes vers la civilisation sur Soror était une possibilité de l'évolution, tandis qu'une autre s'est mise en place sur la Terre, avec cet avertissement : que vont devenir nos civilisations avec des femmes et des hommes réfléchissant et agissant de moins en moins à force de tout confier aux machines et aux animaux ?

CHAPITRE 2

Le travail et les singes

Cet homme, si bien nommé, Victor Meunier (1817-1903), dont nous avons déjà parlé dans cet ouvrage, voulait donner du grain à moudre aux grands singes. Il est l'un des grands fondateurs de la vulgarisation scientifique en France au cœur du XIXe siècle. Militant socialiste utopiste, fervent adepte du progrès par les avancées des sciences, il appelle de tous ses vœux et par ses écrits à une société dans laquelle les femmes et les hommes seraient libérés du travail par les machines et l'assistance des grands singes (*Les Animaux travailleurs,* 1867). Une société animée de millions de citoyens instruits, surtout des sciences, se livrant aux arts, aux loisirs, à la culture et à la vie de la cité – l'équivalent de la *scholè* des Grecs et de l'*otium* des Latins, en somme.

Il développe une œuvre polymorphe avec un credo très évolutionniste : réhabiliter l'intelligence des grands singes et défendre les théories de Darwin, fort malmenées en France. La thèse de son livre *Les Singes domestiques* (1886) défend l'idée que l'intelligence supérieure des singes est un atout pour les domestiquer. Il compare les différentes espèces connues à nos animaux domestiqués (chiens, chats, chevaux…) et aux services qu'ils nous rendent. Par exemple, les babouins, pour lesquels il n'a pas la meilleure des opinions, comparés aux autres singes, feraient des gardiens plus impressionnants et redoutables que la plupart des chiens. Meunier veut surtout faire des singes des contremaîtres entre les hommes et les animaux domestiques.

Son idée est la suivante : si, au fil des siècles, on a réussi à développer tant de qualités potentielles chez des animaux sauvages devenus domestiques, pourquoi ne pourrait-on pas faire mieux avec ces singes plus intelligents, plus habiles de leurs mains et, souvent, plus forts ? Meunier les voit déjà au service des machines, remplaçant les ouvriers pour les tâches pénibles et répétitives, et aussi dans les champs, imaginant un gorille dirigeant avec force et fermeté les attelages de bœufs ou autres. Plus encore, leurs mains habiles et leurs aptitudes à se tenir assis et surtout debout les plébiscitent pour s'occuper des tâches domestiques et même des fonctions délicates de services, comme celles de maître d'hôtel, de gouvernante, de serveuse, de jardinier, de nounou ou de matelot (épatant pour monter à la grande vergue et hisser les voiles).

Il rapporte l'histoire d'un grand singe jaune d'Afrique équatoriale, certainement un babouin, qui s'invite de lui-même à garder un troupeau de moutons, les dirigeant mieux qu'un chien et en leur rendant le service de les épouiller. Tout un programme ! Un beau projet qui passe de l'exploitation de l'homme par l'homme à celui de l'exploitation de l'anthropomorphe par l'homme. Mais pour tous les hommes ?

Une belle idée, sans aucun doute, sauf que Meunier ignore ce que sont vraiment les singes et les grands singes. Sa pseudo-argumentation repose sur les nombreuses anecdotes de singes accomplissant toutes sortes d'actions rapportées par la riche littérature exotique très à la mode en son temps. Aucune étude scientifique ne s'intéresse au comportement naturel des singes et des grands singes ; l'éthologie attendra encore un siècle. Cependant, la date de la publication des *Singes domestiques* arrive après la publication en 1884 des traductions en français des livres de John Romanes, jeune ami et admirateur de Darwin, qui publie *Animal Intelligence* en 1882 (année de la mort de Charles Darwin) et *Mental Evolution in Animals* en 1883 (année de la mort de Karl Marx). C'est justement à la suite de ces livres, remplis d'anecdotes, suscitant trop de dérives anthropomorphiques, que Lloyd Morgan édicte ses préceptes épistémologiques, le « canon de Morgan », pour dénoncer les dérives anthropomorphiques autour de toutes ces anecdotes reprises de livre en livre et sans aucune vérification des faits (P. Picq, « Préface », *in* Charles Darwin, *L'Instinct*, L'Esprit du Temps, 2009). Le crépuscule des utopies socialistes et la nécessité d'une rigueur scientifique renvoient les singes dans les oubliettes de l'anthropologie à la fin du XIXe siècle.

Mais il y a plus embarrassant. Meunier cite le cas d'un chimpanzé de 12 ans, appelé Antonio, qui fait office de maître d'hôtel chez le général Llorente, au Gabon. Vêtu d'un pantalon blanc, d'une veste écarlate et d'un bonnet rouge, il effectue un service impeccable, sans rechigner, sans rien casser et sans émoluments. Son propriétaire estime qu'il se montre bien plus compétent que les Bushmen ou les Hottentots. Cette triste fable et d'autres nourrissent toute la littérature coloniale, justifiant le racisme et la domination des peuples européens, même chez des auteurs anarchistes révolutionnaires de talent comme Élysée Reclus, qui parle de peuples attardés et cite Meunier (C. Herzfeld, *Petite histoire des grands singes*, Seuil, 2012).

Toutes ces histoires ont suscité pas mal d'ironie en leur temps, mais d'autres les prirent vraiment au sérieux, y voyant tantôt une avancée sur le chemin du progrès, tantôt une véritable décadence (E. Stead, *Le Monstre, le Singe et le Fœtus. Tératogonie et décadence dans l'Europe fin-de-siècle*, Droz, 2004). À cette époque, on voit poindre divers projets de construction de centres zoologiques de formation et d'expérimentation des singes et des grands singes, non sans l'odieuse arrière-pensée que les peuples autochtones, irrémédiablement attardés, pourraient bénéficier de ces « avancées », quitte même à envisager des hybridations (P. Picq, *Le Retour de Madame Neandertal*, Odile Jacob, 2015). Heureusement, les gouverneurs et les hauts responsables des colonies et autres protectorats, même pétris de la supériorité occidentale, ont fait barrage à ces sinistres projets dictés par une conception pervertie du progrès.

On retrouve sous la plume géniale de Vercors un scénario de la même veine dans *Les Animaux dénaturés* (1952). Cette fois, plus question de grands singes ou de peuples attardés, mais de la découverte d'une population préhistorique sur une île perdue, les Tropis. Au fil des chapitres, tout le livre se préoccupe de ce qui constitue le propre de l'homme : ces Tropis sont-ils, ou pas, des humains ? Plus de soixante ans plus tard, il n'y a pas une ligne à changer dans ce texte. Les débats entre les instances anthropologiques, philosophiques et juridiques continuent de buter sur des questions de définitions et de critères pour décider de qui est le premier homme (P. Picq, *Premiers hommes*, Flammarion, 2016). Chez Vercors, l'affaire se conclut finalement par la déclaration du statut d'humains des Tropis et par la reconnaissance de leurs droits garantis par un tribunal de Londres. Toutefois, cette décision, qui les sauve de l'esclavage, est motivée par une question pragmatique et commerciale : les Anglais ne veulent pas que leurs concurrents australiens mettent les Tropis au travail sans payer de salaire ni de charges pour les tissages de la laine, leur assurant un avantage comparatif qui nuirait aux entreprises et aux ouvriers de Sa Gracieuse Majesté.

Singes domestiqués, populations indigènes dont on discute le statut d'humains, mais quel rapport, me direz-vous, avec le monde d'aujourd'hui ? Principalement, celui du travail et des droits.

La question fondamentale est, en effet, celle-ci : qui travaille, qui produit et qui en bénéficie ? Les Grecs, inventeurs de la démocratie, discutaient beaucoup de politique sur l'agora tandis que les femmes et les esclaves travaillaient – le terme est peu approprié pour l'époque puisque le « travail » est vu comme une condition naturelle, les citoyens se complaisant dans une certaine oisiveté. Chez les Romains, le terme « travail » s'oppose à celui d'*otium* et est à forte connotation péjorative puisque son étymologie désigne à la fois le « travail » douloureux de l'accouchement et le *tripalium* ou triangle sur lequel on écorchait les condamnés ou les carcasses des animaux.

Le travail porte en lui une condition de souffrance qui traverse toute l'histoire de l'Occident, depuis Adam et Ève chassés du Paradis à la *Condition de l'homme moderne* de Hannah Arendt en passant par les moines besogneux et la condition du prolétariat décrite par Karl Marx. Alors peut-on libérer les femmes et les hommes de la malédiction du travail ? Et si oui, comment ?

Notre espèce se distingue de toutes les autres par une capacité unique d'exploiter son prochain et les espèces proches. Le propre d'*Homo sapiens* semble bien être l'esclavagisme. Aussi loin que nous puissions remonter dans l'histoire de toutes les grandes civilisations, on rencontre des esclaves. Et il en est encore de même de nos jours, les consommateurs des pays riches feignant de ne pas comprendre que chaque centime d'euro gagné sur les produits qu'ils achètent, selon la logique délétère du prix le plus bas, et sous prétexte de sauver le pouvoir d'achat, se gagne sur le labeur et la misère de millions d'enfants, de femmes et d'hommes ailleurs dans le monde, tout en détruisant leurs propres emplois.

Peut-on sortir de cette triste condition inhumaine ? On en parle de plus en plus avec l'arrivée des robots et de l'intelligence artificielle, mais avec un énorme paradoxe au cœur de toutes les réflexions philosophiques et politiques : libérer les femmes et les hommes du travail aliénant, mais leur permettre de jouir d'un travail qui leur assure une place digne dans la société. Cette contradiction originelle autour du travail hante aussi bien les pensées marxistes que libérales – il suffit de lire les titres récents de la presse autour de la question des robots qui vont prendre les jobs des humains.

Le plus étonnant est que, contrairement aux femmes, aux enfants, aux esclaves, aux peuples arriérés, aux grands singes et autres hypothétiques Tropis, on discute déjà des droits des robots (A. et J. Bensoussan, *Droit des robots,* Larcier, 2015). Quels sont les présupposés anthropologiques qui justifieraient un traitement favorable à des machines pour l'heure dénuées de sensibilité et de conscience, alors que ce traitement reste refusé aujourd'hui à un grand nombre d'êtres sensibles, dans notre espèce et dans d'autres ?

CHAPITRE 3

L'*otium* et les robots

Deux grands sujets préoccupent les femmes et les hommes partout dans le monde en ce début de XXIe siècle : le travail et le revenu universel. Les débats politiques et de société autour de ces sujets semblent nouveaux. Or il n'en est rien.

L'allocation universelle, le revenu pour tous ou encore l'impôt négatif – il existe d'autres dénominations –, apparaît dans tous les projets de nouvelles sociétés, à commencer par *L'Utopie* de Thomas Moore (1516) dont le six centième anniversaire a échappé à toutes les commémorations historiques, sans oublier *La Nouvelle Atlantide* de Francis Bacon (1624). On retrouve cette idée chez Thomas Paine dans le cadre de la Révolution américaine, puis chez les utopistes socialistes et même chez les ultralibéraux de l'école de Chicago. Cela fait environ un quinquennat qu'on en parle dans tous les pays avancés du monde (États-Unis, Canada, pays scandinaves, Hollande, Suisse...), avec diverses expériences déjà en cours. Cette idée revient tout juste dans les débats de société et de politique en France, notamment avec un rapport du Sénat présenté à la fin de l'année 2016 (voir « Instauration d'un revenu de base » sur www.senat).

L'anthropologie des temps modernes montre avec une récurrence infaillible que chaque changement de socio-économique dans l'histoire de l'Occident depuis la Renaissance s'accompagne de nouvelles utopies dont les promesses sont invariables : vivre plus longtemps, vaincre les maladies et la mort, libérer les femmes et les hommes du travail de production, construire le bonheur. Mais qui produit dans de telles sociétés ? Aujourd'hui, on ne pense plus à des grands singes au service des machines, mais à des machines de plus en plus autonomes, les robots, au service des humains. Personne ne semble conscient que toutes ces promesses fondées sur la fin de la pénibilité préparent l'invasion des machines qui, non seulement, se substituent de plus en plus aux métiers de production et de services, mais sont déjà devenues incontournables dans les professions utilisant la recherche et le traitement de données.

Les robots et l'intelligence artificielle, le numérique, remplacent de plus en plus la main-d'œuvre et, ce que n'avaient pas vu les utopistes, le cerveau d'œuvre. Les projets utopistes souffrent tous de la même tare originelle, il faut des entités de chair ou de métal pour produire et rendre des services. Le mythe des machines au service d'une humanité de plus en plus heureuse sans être dépendante de ces machines est un leurre qui nous précipite justement dans le « syndrome de la planète des singes » qui est au cœur de ce chapitre.

Comment se fera le financement de ces machines et de ce revenu universel ? Sur la base de quelles richesses à redistribuer ? La seule redistribution à partir des revenus salariaux n'est plus viable et déjà notoirement insuffisante. Alors taxons les robots (on en parle) ! Mais qu'importe puisque les machines feront des machines : tout ira pour le mieux dans le meilleur des mondes possibles. Seulement le démiurge technologique frappe déjà à la porte de notre postmodernité avec la question soulevée par le développement des objets connectés (IdO pour Internet des objets ou IoT pour *Internet of Things*) et la mise en place de groupes éthiques sur les dangers de ne plus contrôler cette évolution comme le craignent des personnalités comme Stephen Hawkins, Elon Munsk et d'autres.

Reste une question, pourquoi les robots auraient des droits que des êtres animés, humains ou pas, n'ont jamais eus ? Les robots présentent l'avantage d'être aussi efficaces que dociles, tant qu'ils respectent les trois lois d'Isaac Asimov :

1. Un robot ne peut attenter à un humain, ni rester passif s'il est en danger.
2. Un robot doit obéir à un être humain, sauf si cela va contre la règle précédente.
3. Un robot doit protéger son existence tant que cela ne contredit pas les règles 1 et 2.

Ces lois fondamentales des robots sont rappelées tout au long du film *I, Robot* adapté de plusieurs livres de science-fiction d'Isaac Asimov, dont *Les Robots* et *Le Robot qui rêvait*. Ces lois restent respectées tant que les ingénieurs et les informaticiens contrôlent les logiciels tout en croyant qu'aucun piratage ne soit possible… Et surtout tant que les robots n'acquièrent pas un début de conscience, comme dans le film *I, Robot* d'Alex Proyas sorti en 2004 (et inspiré justement de plusieurs récits d'Asimov) dans la série diffusée par Arte *Real Humans* ou encore dans la toute récente première saison de la série produite par HBO et qui a battu des records d'audience, *Westworld* (elle-même adaptée du film *Mondwest* réalisé par Michael Crichton en 1973). Mais une fois de plus, insistons sur ce paradoxe ahurissant : on a exploité des catégories humaines et des animaux en leur niant toute sensibilité et toute conscience alors que l'on discute déjà de droits universels pour des robots qui, pour l'heure, n'ont ni sensibilité ni conscience. Les fondements de ces valeurs éthiques, comme leur négation, s'appuient sur des traditions anthropologiques profondément inscrites dans nos « inconscients collectifs ».

En effet, l'ontologie de l'homme occidental se déplace dans un triangle dont le sommet supérieur est Dieu et ceux de la base l'Animal et la Machine. Depuis que cet homme se prend pour un Dieu prométhéen, il se substitue au Créateur, moyennant une élévation ontologique à bon compte qui repose sur la dégradation du statut des animaux, réduits à l'état d'instincts et d'automates. Ce schéma est particulièrement marqué dans une France qui, comparée aux autres pays, se distingue par une faible pratique religieuse et une aversion cartésienne pour les animaux machines. Autrement dit, notre culture nous pousse vers le sommet du triangle ontologique, avec l'illusion de faire de nous des créateurs, cette élévation – relative – se produisant au détriment des animaux et de tout ce qui est perçu comme proche de la nature, et avec une quasi-vénération pour les machines que nous construisons. N'est-il pas étonnant que les droits des robots soient déjà si avancés alors que les animaux attendent toujours les leurs ? Ce qui nous conduit à un grand paradoxe.

La France, pays de la Déclaration des droits de l'homme (et que pour les hommes, car trop longtemps refusés aux femmes, et même à d'autres hommes : nous sommes le seul pays à avoir rétabli l'esclavage en 1804), a toujours préféré exploiter des femmes et d'autres hommes plutôt que de faire confiance aux robots. Alors que les industries, notamment celle de l'automobile, s'engagent dans la robotisation des chaînes de production en Allemagne et au Japon dans les années 1970, les grands constructeurs français préfèrent embaucher des travailleurs immigrés et peu qualifiés. Puis, prenant conscience de leur retard, ils se trouvent confrontés au concept le plus imbécile jamais forgé d'« industries sans usine », ce qui se concrétise pour notre pays par la plus forte désindustrialisation du monde occidental depuis les années 1990. Alors nos instances gouvernementales s'inquiètent et lancent des plans « robotisation » ou de « redressement productif ». Les chiffres sont éloquents puisque notre industrie aligne deux fois moins de robots qu'en Allemagne et un tiers de moins qu'en Italie. Aux dernières nouvelles, pourtant, l'Allemagne maintient une activité industrielle dynamique avec beaucoup plus d'emplois et de robots. Et pourtant, malgré l'exemple allemand, on continue d'entendre que les robots vont détruire les derniers emplois.

Autre imbécillité venant d'une partie de la métaphysique et qui influe toujours une partie de la théologie, de la philosophie et même des sciences, sans oublier nos politiques gouvernementales et sociales : la croyance en un monde déjà plein, que chacun y est à sa place, avec cette conviction, par exemple, que si les seniors travaillent plus, cela fera moins de travail pour les juniors. (Les 35 heures participent aussi de cette vision malthusienne du travail, ce qui ne lasse pas d'étonner quand on sait la haine de la pensée de gauche envers Malthus.) Là aussi, les chiffres démentent ces assertions. Qu'il s'agisse des seniors ou des robots, ce ne sont pas les mêmes métiers et pas les mêmes compétences. Et, à tout prendre, ne vaut-il pas mieux installer des machines plutôt que de délocaliser ?

Au vu de ces quelques remarques, on constate combien trop d'archaïsmes philosophiques et anthropologiques continuent d'influencer des décisions politiques inefficaces et démenties par toutes les études sur le travail, l'emploi et la part de la richesse des nations (PIB). Sans même attendre l'arrivée imminente de machines cognitives, notre quotidien se trouve déjà envahi pas ces machines : banques et déclarations de toutes sortes en ligne, caisses automatiques (autoroutes, magasins), spéculations financières automatisées (et folies des traders), pilotes automatiques, GPS qui nous mènent n'importe où, standards téléphoniques qui nous rendent dingues, radars automatiques (A. Bloch et P. Beretti (éd.), *Homo numericus au travail*, Economica, 2016)…

Nous voilà donc face à un immense paradoxe : nous n'avons jamais eu autant de revendications sur la réduction du temps de travail ou de son partage, alors que, chaque jour, nous effectuons de plus en plus de tâches qui, il n'y a pas si longtemps, étaient effectuées par des personnes ayant emplois et rémunérations. Dans l'idée de faciliter les services grâce à des machines et des algorithmes, ce qui est effectivement le cas, nous travaillons plus qu'avant, ce que Pierre-Yves Gomez appelle le « travail invisible », car non rémunéré (P.-Y. Gomez, *Le Travail invisible. Enquête sur une disparition*, François Bourin Éditeur, 2013). Il est grand temps de relire le *Discours de la servitude volontaire* de La Boétie tant nos environnements technologiques nous asservissent à notre insu. Alors qu'en sera-t-il avec les robots et l'intelligence artificielle ?

Cela pose un réel problème humain rarement souligné. Je ne parle pas de l'absence de pompistes, de concierges, de guichetiers, de caissières… Ce qui fait l'humain, c'est la distinction entre les causes immédiates et les causes ultimes. Si vous dépassez la limitation de vitesse pour, par exemple, éviter un accident, vous êtes sanctionné comme un chauffard. La machine ne fait pas de différence, car elle ne s'intéresse pas aux causes ultimes qui motivent cet excès. C'est bien pour cela que, si vous en avez les moyens, vous pouvez faire annuler une amende ou un retrait de permis, car ces machines violent les fondements du droit de se défendre. Seulement, en France, la culture administrative et cartésienne de la faute fait de tout citoyen un fraudeur potentiel en toutes circonstances et les machines trouvent là une niche propice (à pomper le fric).

Notre retard lamentable sur les connaissances des animaux recouvre les mêmes stupidités que sur les robots. Pour s'en convaincre, il suffit de faire un test tout simple. Allez sur Wikipédia et tapez un sujet sur le sommeil, le désir, l'apprentissage, etc., et comparez les versions françaises et anglaises. Systématiquement, tout ce qui concerne les études comparées entre les hommes et les animaux, comme les singes, a disparu comme par désenchantement dans la langue de Molière. Plus significatif encore, on ne trouve aucun texte en français sur le comportement éthique des robots et la robot-éthique, mais il y en a sur leurs droits…

Or le comportement éthique des machines, qui repose sur les trois lois d'Asimov, est devenu un vrai enjeu d'éthique avec, par exemple, les drones militaires. Une machine qui détecte des femmes et des enfants peut-elle refuser un ordre de frappe, même si un terroriste se dissimule parmi eux ? Des revues économiques comme *The Economist* s'interrogent sur ces questions d'éthique depuis quelques années, ce qui montre bien que ce n'est plus une simple question d'anthropologie. Jusque-là, on se sent rassuré par le sentiment que tout repose sur une programmation humaine et des décisions humaines. Mais que dire si ces machines, à la différence des automates cartésiens et béhavioristes – qui répondent de façon automatique à des stimuli ou des perceptions immédiats –, se mettaient à prendre des décisions – bref, à devenir cognitives ? Que se passerait-il si elles devenaient capables de détecter nos intentions (détecteurs de mensonges, reconnaissance des expressions faciales...), voire de nous mentir pour assurer leur objectif, même au détriment des humains – c'est ce que fait le supercalculateur doté d'intelligence HAL 9 000 dans *2001, l'Odyssée de l'espace* ? On voit poindre en filigrane le cauchemar que raconte *Terminator*... C'est d'autant plus troublant que ces machines peuvent détecter nos actions avant qu'on ne les commette ou que nous n'en ayons conscience comme le montrent les sciences cognitives avec, une fois de plus, un impact sur les causes proximales et non pas sur les causes ultimes, comme dans le film *Minority Report* de Steven Spielberg (la pensée d'un meurtre conduit-elle au meurtre ?). Plus encore, les machines peuvent prendre des décisions éthiques – en fait des choix programmés – qui ne correspondraient pas à notre éthique personnelle en raison de nos émotions, comme dans le film *I, Robot* dans lequel le protagoniste manifeste une animosité tenace envers les robots parce qu'il a été sauvé de la noyade par l'un d'entre eux à la suite d'un accident de voiture, au détriment d'une jeune fille qui aurait pu être choisie à sa place. En tant que policier, il aurait tenté de sauver la jeune fille, mais le robot a calculé qu'il avait plus de chances de le sauver, lui, ce qu'il a fait.

Ces questions d'éthique entre les humains et les machines sont au cœur des recherches sur les drones, les voitures sans chauffeurs et autres, avec des enjeux considérables sur les responsabilités entre les fabricants, les programmateurs, les utilisateurs, les usagers, etc. On comprend mieux l'importance des discussions actuelles sur les droits des animaux et des robots. Dans ce monde qui vient, nous serions bien avisés de reconsidérer tous ces procès du Moyen Âge, quand des animaux subissaient des procès en due forme pour juger de leurs responsabilités dans des actes socialement répréhensibles en tant que créatures de Dieu. Cela peut faire sourire du haut de notre arrogance moderniste, sauf si l'on remplace les animaux et Dieu par des robots et leurs créateurs, les hommes. Il est grand temps de relire *Frankenstein ou le Prométhée moderne* de Mary Shelley.

Des machines défient déjà les hommes dans les domaines de la connaissance, et la vraie question devient celle-ci : peut-on construire des machines éthiques capables de s'interroger sur les causes ultimes ? Une machine intelligente résout des questions complexes plus vite qu'un homme si la résolution repose sur des algorithmes mathématiques (jeu d'échecs, jeu de go) ou des connaissances (« Le Jeu des 1 000 € » ; « Jeopardy ! »). Mais une machine cognitive ? Le célèbre test inventé par Alan Turing en 1950 n'a, pour l'heure, jamais été réussi par un ordinateur. Ce test consiste à demander à des observateurs, par un jeu de questions/réponses écrites, de distinguer une machine d'un humain. Même si on annonce régulièrement qu'un ordinateur échangeant des phrases écrites a réussi le test, ce qui signifie qu'environ un tiers des observateurs ou interlocuteurs humains n'arrive pas à distinguer la machine d'un humain, il ne fait aucun doute qu'on s'en approche avec des machines appelées *bot*. Autant en prendre conscience avant d'être surpris, le temps des machines interactives, artificiellement intelligentes et, dans un avenir proche, cognitives (intelligence artificielle forte) est arrivé ou, pour le dire autrement, le « deuxième âge » des machines avec les *cobots* (robots collaboratifs), les *chatbots* (algorithmes conversationnels) et autres *sobots* (robots sociaux d'accueil, de compagnie, d'accompagnement, etc. ; E. Brynjolfsson et A. McAfee, *The Second Machine Age. Work, Progress and Prosperity in a Time of Brilliant Technologies,*

Norton, 2014 ; *Le Deuxième Âge de la machine : travail et prospérité à l'heure de la révolution technologique*, Odile Jacob, 2015).

Il est vrai que le premier âge des machines a laissé des traumatismes indélébiles dans les mémoires collectives des ouvriers. Le contrôle des moyens de production et la recherche de productivité les ont réduits à servir des machines dans des conditions effroyables, sans parler des enfants qui étaient utilisés en raison de leur petite taille et de leur agilité. Après *Les Temps modernes* de Chaplin, le film de 2013 *Transperceneige (Snowpiercer)* résume parfaitement ce qu'a été la première révolution industrielle. Des hommes ont été réduits à des automates jusqu'à donner lieu à une discipline de l'ergonomie (inversée) appelée « automatique humaine » ! Cependant, ce premier âge des machines a accouché – dans la douleur – de la classe ouvrière. Et voilà que le second âge menace sa survie. Il est évident, à tort ou à raison, que les travaux et les métiers répétitifs sont et seront encore remplacés par des machines (destruction), mais d'autres métiers émergent autour de ces machines (création) – c'est la « destruction créatrice », notion diffusée par l'économiste Schumpeter. Dans une économie mondialisée, loin d'avoir harmonisé leurs coûts de production et les salaires minimums (doux euphémisme), les pays développés n'ont d'autre choix que de monter en qualité, ce qui passe par les robots et les qualifications. En attendant, entre deux ateliers qui s'effondrent au Bangladesh ou ailleurs, que d'autres robots viennent soutenir le dur labeur des hommes, des femmes et des enfants qui fabriquent nos biens de consommation dans les pays émergents en toute hypocrisie…

Il ne reste donc que les robots pour nous aider à faire face. Et c'est là que nous sommes rattrapés par des questions d'éthique. Ce que l'on appelle depuis une décennie l'éthique des robots (*Robot Ethics*) tente de définir des règles pour l'usage et le traitement des robots. Après tout, on peut y voir une saine pensée économique, non plus celle de l'économie linéaire qui consiste à produire, utiliser et jeter, mais d'une économie circulaire et de fonctionnalité où l'on conçoit et emploie des robots appelés à avoir plusieurs vies en termes d'usage ou de recyclage de leurs parties. Se pose toutefois une question plus délicate avec les nouvelles machines cognitives, pour ne pas dire empathiques. Notre cartésianisme archaïque nous fait nous braquer sur ces questions comme un animal béhavioriste, mais vous ne vous offusquerez pas si vous êtes japonais et animiste. Une des raisons anthropologiques profondes du développement des robots au pays du Soleil-Levant (par-delà les prouesses techniques auxquelles nos ingénieurs français en robotique n'ont rien à envier) provient de leurs aptitudes ontologiques à conférer des aptitudes humaines aux animaux et aux machines. C'est bien pour cela qu'ils ont inventé l'adorable chien robot Aibo et surtout l'inconcevable animal de compagnie virtuel Tamagotchi qui dépasse notre entendement ! Ce n'est pas pour rien si l'éthologie et la robotique sont les plus en avance au Japon. Car comment rester froid comme de l'acier et insensible comme le silicone face à des robots qui, demain, seront les auxiliaires de vie des personnes handicapées ou âgées ? Sans parler des misères et des désirs sexuels. Les poupées sexuelles sont appelées à un bel avenir. Dans *Blade Runner*, le héros tue les cyborgs révoltés par les conditions pour lesquelles on les a conçus et fabriqués (soldats, ouvriers, prostituées). L'erreur de conception est celle-ci : on a oublié de leur donner une âme, vielle antienne prémonitoire depuis la créature du Dr Frankenstein. Or ces cyborgs désirent plus aimer qu'être aimés.

À la fin de *Blade Runner*, le héros s'en va d'ailleurs avec une belle cyborg (elle a été faite comme cela) capable d'aimer (ce qui n'était pas prévu)…

Erik Brynjolfsson et Andrew McAfee, les auteurs du *Deuxième Âge de la machine*, envisagent un monde dans lequel le travail pénible, physique ou intellectuel, a disparu et dans lequel tous les humains reçoivent un revenu minimum confortable pour se livrer aux activités qu'ils désirent. Une telle société est-elle possible sans le risque d'une scission de plus en plus large entre des élites et le reste de la population comme dans le film *Elysium* de Neill Blomkamp (2013) ou, dans un registre analogue, le très troublant *Time out* d'Andrew Niccol (2011) ? Dans ces deux films, on voit une société avec ses élites quasi olympiennes (au sens de la mythologie grecque) qui vivent au-dessus des hommes, tout en partageant leurs désirs et leurs passions, mais en jouissant d'une vie éternelle. Quand la mythologie et la science-fiction se rencontrent à Hollywood et, juste à côté, dans les projets transhumanistes très concrets et avancés sous la houlette de la Singularity University en Californie (https ://su.org/), n'est-il pas grand temps de prendre ces questions très au sérieux ?

Utopie ? Science-fiction ? Absolument pas et, comme évoqué précédemment, ce n'est pas un hasard si l'on évoque à nouveau différentes formes de revenus universels, de base ou autre. Après la société du travail qui est encore la nôtre, il devient urgent de penser à une société de l'*otium* au risque de contracter le syndrome de la planète des singes, plus certainement celui de la planète des robots ou, pourquoi pas, des *apebots* (un mixte des grands singes, *apes*, et des *bots*). L'*otium* des Anciens, on l'a vu, ne signifie pas l'absence d'obligation, d'engagement, de créativité ou de responsabilité dans la cité.

Alors le travail aux robots et l'*otium* pour les humains ? Oui, ce serait une utopie raisonnable.

Que choisirons-nous ? L'agora ou la planète de singes sous le regard de robots de moins en moins indifférents ? Car nous sommes déjà engagés dans un autre monde, crépusculaire pour les grands singes, mais accueillant pour les robots sur une planète numérique où se posent de plus en plus vivement les questions de la liberté, de la vie privée, du travail et des revenus alors même que nous sommes complètement dépourvus de modèle de société. Plus de deux siècles après les Lumières et après la fin des grandes idéologies du XXe siècle, nous savons que notre monde change à l'échelle mondiale. Se produit une révolution « invisible » ou « fluide » qui, pour l'heure, n'a pas de nom et ne répond à aucun projet énoncé, et encore moins annoncé. Alors quel *Homo politicus* pour un peuple d'*Homo numericus* appelé à partager une planète, la nôtre, avec des animaux et des robots de plus en plus intelligents et nantis de droits ?

Conclusion

Un jour, Odile Jacob me fit part d'une question que François Mitterrand lui avait posé malicieusement : « Pensez-vous qu'un jour les grands singes prendront le pouvoir ? » Les chimpanzés rougirent de bonheur d'un tel adoubement politique. Amusé et piqué au vif, je me lançai dans un essai pamphlétaire intitulé *L'homme est-il un grand singe politique ?* publié en 2011.

Depuis, François Hollande a été élu en 2012, il a exercé son mandat et, pour la première fois dans notre histoire politique récente, il est le premier Président sortant à ne pas se représenter. Son ancien Premier ministre, Manuel Valls, l'a enjoint à aller cultiver ses rosiers. Du jamais vu, même si les Premiers ministres de la Ve République se sont toujours présentés aux élections présidentielles à la suite et parfois contre leur ancien Président – un comportement que l'on connaît bien chez les babouins hamadryas. Que François Hollande n'a-t-il lu mon essai…

Pour les nouvelles présidentielles de 2017, il semble bien qu'on retrouve les mêmes personnalités politiques, mis à part Dominique de Villepin, qui n'a jamais eu de mandat électif. Seuls deux nouveaux personnages font leur entrée dans l'arène des présidentielles, l'un issu des primaires de la gauche, Benoît Hamon, l'autre par génération spontanée, Emmanuel Macron. Le troisième, Yannick Jadot, sorti des primaires des Verts, s'est allié à Benoît Hamon. On a les pétales rouges, les feuilles vertes et Manuel Valls qui se demande si tout cela ne va pas se faner trop vite, lui qui tient les épines. Peu de nouveaux, donc, parmi les prétendants à la plus haute fonction de la République, alors même que notre société et le monde se sont transformés à la vitesse du numérique.

Le temps d'un quinquennat, celui de François Hollande, notre société a en effet profondément changé, mais pas politiquement et encore moins du fait de nos gouvernements et de leurs oppositions. Un hiatus de plus en plus abyssal se concrétise entre les bouleversements provoqués par la première vague du numérique, ce que l'on range sous le terme imprécis et polysémique d'« ubérisation » de la société, et les réponses politiques issues des résultats des primaires (G. Leclercq et D. Jacquet, *Uberisation, un ennemi qui vous veut du bien ?*, Dunod, 2016). Sans aucune exagération paléoanthropologique, on nous propose, à gauche comme à droite, des solutions politiques forgées dans le cadre de la première révolution industrielle, alors que nous sommes déjà entrés dans la troisième, voire la quatrième, révolution industrielle.

En somme, de profondes transformations dans l'environnement économique et social, mais pas de renouvellement significatif des personnalités politiques et encore moins de leurs programmes. Or, dans l'évolution, si les populations ne changent pas alors que l'environnement se modifie, c'est le syndrome du manque d'adaptabilité qui apparaît avec, au bout du compte, la certitude de l'extinction. Les résultats des deux primaires qui ont eu lieu en France expriment une bipolarité dramatique entre les espoirs utopistes d'une gauche de la gauche, qui n'a pas cessé d'accumuler les échecs depuis un siècle, et une droite très à droite, enfermée dans son linceul conservateur et parée de ses convictions d'une légitimité éternelle. Leur devise, que ce soit nulle part sur la Terre pour les uns ou peut-être au Ciel pour les autres, est « Après nous le déluge ! », expression lâchée au cours d'une grande fête par Madame de Pompadour, qui était consciente de la fin de l'Ancien Régime, mais ne commit pas la faute de goût de gâcher l'ambiance. C'est aussi le titre du dernier essai caustique du philosophe Peter Sloterdijk qui aborde le même sujet, mais du point de vue de la philosophie, alors que nous l'avons fait sous l'angle de l'anthropologie évolutionniste (P. Sloterdijk, *Après nous le déluge. Les Temps modernes comme expérience antigénéalogique*, Payot, 2016). Cette sainte alliance entre la philosophie et l'éthologie serait-elle l'ultime tentative pour sauver la politique ou, plus modestement, pour faire de la politique autrement ?

Toutefois, dans la situation actuelle, la superbe expression de Madame de Pompadour semble plutôt être : « Après nous, Madame Le Pen… » Un article de *The Economist*, repris dans *Courrier international*, donne une analyse pertinente de ce jeu politique des primaires qui en revient aux partis, ce qui correspond mal à la tradition de la Ve République dont l'essence depuis de Gaulle est de se placer, justement, au-dessus des partis, comme si leur seul recours devait seulement servir à éviter le traumatisme de l'élection présidentielle de 2002 avec Jean-Marie Le Pen au second tour (*Courrier international*, n° 1357, 3-9 novembre 2016). Quel projet ! Pourtant, c'est bien la seule chance de survie de nos partis s'ils continuent à se montrer incapables de comprendre les profonds changements sociologiques dont les effets se répercutent déjà dans les résultats déconcertants des élections récentes ailleurs dans le monde. Est-ce qu'Emmanuel Macron, qui a fait le pari gaullien en évitant les primaires, aura, à défaut d'être l'homme providentiel, le programme susceptible de répondre aux défis de notre temps ? Car voici ce qui se passe, ou toutes les questions qui ne sont pas abordées dans les débats politiques.

Les pinsons, le dromadaire et le chameau

Il ne s'agit pas d'une fable de Jean de La Fontaine (pour revisiter les fables de La Fontaine sous le regard politique du singe, P. Picq, *L'homme est-il un grand singe politique ?*, Odile Jacob, 2011). Il s'agit d'un petit conte darwinien sur comment se fait l'évolution, une histoire presque bucolique puisqu'elle commence avec des pinsons. Quand l'environnement change, ce sont les espèces jusque-là les mieux adaptées, plus pertinemment les populations le plus en équilibre avec les conditions environnementales immédiates, qui se transforment ou disparaissent en premier.

Au cours de l'année 1835, Darwin se retrouve dans l'archipel des Galápagos. Après déjà quatre années d'un voyage de cinq ans dans l'hémisphère Sud sur le *HMS Beagle*, ses idées sur la transformation des espèces se concrétisent. Au terme d'un quinquennat sa pensée a évolué, et la théorie qu'il propose va bouleverser toute l'histoire de la vie et des hommes. Il en prend lui-même conscience au cours de l'avancée de ses travaux, puisqu'il se fait l'effet, comme il l'avoue lui-même, de commettre un meurtre. Lequel ? Celui de la métaphysique occidentale (on aimerait qu'il en aille de même en politique). On rappellera que Charles Darwin appartient à une famille qui s'en est fait une grandiose spécialité de changer le monde tel qu'il est ou tel que l'on pense qu'il est, à l'instar de son immense grand-père Erasmus qui, avec ses amis, a tout simplement créé la révolution industrielle (P. Picq, *Un paléoanthropologue dans l'entreprise*, Eyrolles, 2011)...

Concernant les pinsons plus précisément, Charles remarque que la taille du corps et du bec de ces oiseaux diffère significativement d'une île à l'autre. Il capture de nombreux individus, les naturalise et, de retour, confie leur étude à l'ornithologiste John Gould. Quelque temps plus tard, ce dernier dit à Darwin qu'il a identifié différentes espèces correspondant à autant d'îles. Il y a eu divergence adaptative – comme on dit de nos jours – depuis une population ancestrale que Darwin sait venir du Chili. Un siècle et demi plus tard, le couple d'ornithologistes Rosemary et Peter Grant poursuit une étude longitudinale – c'est-à-dire continue année après année – de la modification de la morphologie des pinsons (la morphologie est l'étude de la taille et de la forme). Les analyses biométriques qu'ils produisent livrent des courbes de Gauss, ou en cloche, qui, d'une île à l'autre, montrent l'adaptation locale de populations de pinsons. Puis survient un changement brutal d'environnement suite à une fluctuation du courant marin connu sous le nom d'El Niño. La sécheresse a un impact immédiat sur les populations d'oiseaux : les pinsons les mieux adaptés jusque-là, ceux que la biométrie place autour de la moyenne, disparaissent tandis que les extrêmes – ceux à becs fins et longs et ceux à becs courts et robustes – se retrouvent plus favorisés. C'est ainsi que la distribution des pinsons passe d'une courbe en dromadaire – la bosse unique correspondant à la courbe en cloche – à une double courbe en chameau. Cette métaphore offerte par les camélidés – la famille zoologique des dromadaires et des chameaux notamment – décrit un processus universel de changement adaptatif en réponse à une modification de l'environnement. Mais quel rapport avec les évolutions récentes de nos sociétés, me direz-vous ?

On l'entend à propos d'élections aux résultats inattendus mais de plus en plus récurrents : ce sont des réactions dues à l'inquiétude ressentie des classes moyennes. En effet, la croissance comme jamais des sociétés occidentales (Europe de l'Ouest, Amérique du Nord, Australie) ou occidentalisées (Japon) depuis la Seconde Guerre mondiale s'est accompagnée du développement considérable des classes moyennes. C'est notre dromadaire. Puis la situation de ces dernières commence à s'effriter à partir des années 1980 avec l'accroissement des dettes souveraines, les luttes contre l'inflation, les dérégulations et la montée du chômage (J.-M. Vittori, *L'Effet sablier*, Grasset, 2009). Ce que l'on a analysé comme une crise structurelle commence à être mieux compris, notamment grâce aux travaux récents du MIT dirigés par Erik Brynjolfsson et Andrew McAfee, les auteurs du best-seller *Le Deuxième Âge de la machine : travail et prospérité à l'heure de la révolution numérique* (Odile Jacob, 2015).

D'après leurs résultats, on assiste à ce que Amy Berstein et Anand P. Raman appellent le « grand découplage » (A. Berstein et A. P. Raman, « Le grand découplage », *Harvard Business Review*, juin-juillet 2016). Jusqu'au début des années 1980, la courbe de l'augmentation des revenus des ménages, celle de la création d'emplois, celle de l'augmentation de la richesse (PIB) et celle de la productivité se confondent. Puis elles commencent à se séparer. Ce qui n'était pas perceptible au commencement de ce processus devient flagrant trois décennies plus tard. La courbe qui a le moins augmenté est celle des revenus, suivie de celle des emplois, puis de celle de la richesse et de la productivité, qui a quadruplé. En d'autres termes, il s'est créé trois fois plus de richesses grâce à l'accroissement de la productivité tandis qu'il se crée moins d'emplois en proportion et encore moins de revenus. C'est là que se situe la détérioration des classes moyennes ; c'est là que le dromadaire des classes moyennes se transforme en chameau entre pauvres et riches.

La cause est dorénavant connue : le « grand découplage » commence avec l'arrivée puis le développement de la micro-informatique, amplifié par Internet à partir des années 1990 et accéléré par les réseaux et les smartphones depuis les années 2000 à l'échelle mondiale. Même si les électorats des pays occidentaux ne sont pas pleinement conscients des causes, ils en ressentent déjà les conséquences économiques et sociales et l'expriment par leurs votes. Que la majorité des politiques ignore ces causes est tout simplement consternant.

Avec la mondialisation et la consolidation des anciens pays émergents, on espérait un magnifique dromadaire à l'échelle mondiale, l'aboutissement d'une longue histoire vers le progrès de toute l'humanité d'après Francis Fukuyama (*La Fin de l'histoire et le Dernier Homme*, Flammarion, 1992). Mais c'est le chameau qui se pointe avec ses deux bosses. Un milliard de personnes sont sorties de l'extrême pauvreté et il n'y a jamais eu autant de millionnaires (et de milliardaires) sur la Terre. D'un côté, on assiste à l'émergence de toutes les sortes d'économies de partage et de solidarité, circulaires et autres, dynamisées par l'innovation frugale ; de l'autre, on observe des industries du luxe qui ne se sont jamais aussi bien portées. Entre les deux bosses, des classes moyennes tentent de s'accrocher du côté des plus riches tandis que le plus grand nombre ressent le déclassement.

Les « progressistes invétérés », selon l'expression de Peter Sloterdijk, ne jurent que par la moyenne et ne regardent jamais les extrémités. Or, comme le fait remarquer ce philosophe « rugueux », la cohérence d'une société se mesure comme la solidité d'une chaîne : par son maillon le plus faible. Si on fait une moyenne de l'évolution des sociétés depuis la mondialisation au début du XXIe siècle, on constatera bien une progression indéniable, mise en avant par ses partisans les plus zélés, comme Pascal Lamy, c'est un fait statistique, mais la question n'est pas là. En effet, la satisfaction de la psychologie humaine ne se mesure pas par rapport à une échelle absolue de valeurs décidée par des universitaires ou des théoriciens. Comme chez nos singes capucins, elle s'apprécie selon des rapports subtils de reconnaissance, de différence et d'éthique lesquels, s'ils ne semblent pas respectés, seront ressentis comme des preuves d'inégalités et des marques d'iniquité.

Le syndrome du camélidé ou du sablier se traduit par de nouvelles inégalités, d'ampleur inédite. Celles-ci concernent la répartition des revenus dans les sociétés et dans les entreprises, mais aussi les richesses et les patrimoines (T. Piketty, *Le Capital au XXIe siècle,* Seuil, 2013). Les acteurs économiques responsables de ces changements, en l'occurrence les entreprises du numérique situées dans la Silicon Valley et autour, affichent des capitalisations astronomiques tandis que les acteurs de l'économie désormais classique doivent, comme en ce moment, engager rapidement leur digitalisation au risque de se retrouver sur la mauvaise bosse (voir les études en ligne sur le site de McKinsey). Et toutes les études de prospective annoncent l'arrivée du chameau autour de 2020, car ces changements portent déjà leurs effets, ce que l'on désigne de façon très imprécise par l'expression « ubérisation de la société ».

Il ne fait aucun doute que nos sociétés ont déjà glissé dans l'ère numérique, mais avec une schizophrénie propre au singe humain : tout le monde use des outils et des environnements numériques pour tous ses besoins, mais sans comprendre que cet usage affecte tous les aspects de la société, à commencer par le travail et les modes de production, de distribution et de redistribution (P. Picq, « Préface », *in* P. Beretti et A. Bloch (éd.), *Homo numericus au travail*, Economica, 2016). Autrement dit, et selon le point de vue du singe, on ne lâche pas la branche sous laquelle on se trouve, mais on veut dans le même temps collecter les fruits nouveaux de l'autre branche. Il va falloir se décider à s'accrocher à l'une ou l'autre, sans risquer la chute. Si nos lointains ancêtres les « premiers hommes », déjà bipèdes et possesseurs d'outils de pierre, n'avaient pas franchi le pas des savanes arborées aux savanes ouvertes il y a deux millions d'années, le genre *Homo* n'existerait pas (P. Picq, *Premiers hommes,* Flammarion, 2016). Dans l'évolution, une nouvelle adaptation n'exige pas de tout inventer. Le plus souvent, les éléments sont à portée de main, le tout étant, pour les *Homo*, de prendre la décision de s'en saisir, ce qui nous ramène à la politique.

Cette fable, dont la chute imminente risque d'être douloureuse dans les mois qui viennent, décrit les processus universels du changement, quelles que soient les espèces. Il semble que seuls les politiques et les adeptes du progrès malgré tout les ignorent. Et voici les réponses des électeurs que les politiciens, leurs conseillés et leurs commentateurs patentés ne comprennent pas plus.

Dostoïevski et jeu de l'ultimatum

De l'éthologie, de l'anthropologie et de l'évolution pour expliquer les bouleversements politiques actuels ? Allons bon, Monsieur le paléoanthropologue, retournez à vos fossiles ! Hélas, les fossiles ne sont pas ceux que l'on croit et cet essai se fonde sur l'anthropologie évolutionniste, dont la paléoanthropologie au sens strict qui s'occupe des fossiles.

Côté philosophie, l'excellente revue *Philosophie magazine* (numéro de décembre 2016-janvier 2017) s'est amusée à convoquer quelques grands auteurs disparus pour analyser les résultats des élections américaines. Voici un extrait de ce qui pourrait être un commentaire signé Dostoïevski : « Écoutez mon antihéros, cet homme du sous-sol qui vivote d'une petite rente et mène une vie minable. Bien sûr qu'il se sent humilié par les puissants qui le méprisent. [...] Sa révolte n'aura aucune effectivité ? Parce qu'on lui oppose, non pas la force brute, mais la nécessité objective de lois scientifiques. Aujourd'hui, on présente la mondialisation comme un mouvement absolument naturel et intangible. Nul ne peut y échapper. [...] Mais il y a une solution [...]. Il suffit de vouloir l'aventure, le hasard, les ténèbres. Même si cela nuit. Pour le plaisir de dire non, il suffit d'envoyer balader les calculs les plus justes, de donner un bon coup de pied dans les prévisions chiffrées. [...] Contre l'intérêt, mais sans colère démesurée. C'est ce que vient de faire le peuple américain. Et ce n'est pas fini. Même si ça doit s'achever en catastrophe. »

Il fallait bien ressusciter un tel esprit pour contrer le crétinisme abyssal des sociologues et des politologues franchouillards dont les réactions se limitent à décrier la réaction des petits Blancs (que l'on appelle les Rednecks ou « cous rouges » en Amérique du Nord). Rien de mieux que ces analyses à courte vue qui, hélas, ne sont pas propres à l'extrême droite – et qui jettent trop de personnes désorientées, et humiliées, dans ses bras. Il faut se demander qui de ces élites pompeuses ou de la crise économique pousse de plus en plus de personnes vers ces extrêmes. Même si les « petits Blancs » avaient tous voté pour Trump – or la majorité d'entre eux ne vote pas –, cela n'aurait pas suffi à son élection, loin s'en faut. Et ceux qui l'ont fait sont davantage animés par l'état d'esprit du joueur perdant dépeint par Dostoïevski dans son roman – même si l'on recense trop de crétins suprémacistes qui, je le rappelle, ne votent pas tant ils rêvent de renverser le système par d'autres moyens.

Car il y a ceux qui discutent des causes du chômage et du déclassement et ceux qui les vivent. Mais le malaise est bien plus profond et, par-delà les analyses (peu) savantes et le jargon universitaire, il y a un profond ressentiment que l'analyse du « jeu de l'ultimatum » peut éclairer de façon pertinente. Ce jeu fait partie d'un ensemble de tests venant de la théorie des jeux, lesquels sont utilisés en psychologie, en économie expérimentale, en anthropologie et même en éthologie des animaux. Imaginons que, dans ce jeu, tous les acteurs possèdent toutes les informations. On prend deux individus. Après un tirage au sort pour désigner celui qui aura la main, on lui donne une somme de 100 €. À partir de là, celui-ci doit faire une proposition de partage à l'autre participant. Si ce dernier accepte la proposition, chacun empoche ce qui a été convenu. Si l'offre est refusée, les deux n'ont rien.

De façon significative, les expériences faites dans de nombreuses populations humaines, mais aussi chez diverses espèces de singes (les euros sont alors remplacés par des fruits ou des gourmandises), convergent vers le même résultat : l'offrant propose en général un partage entre 55 et 65 % pour lui et la différence pour l'autre. Pourquoi ? Si vous êtes celui qui détient les 100 €, vous pouvez vous dire que vous avez été désigné par le sort et que vous avez gagné. L'autre devrait donc s'estimer heureux si vous lui faites une proposition et vous décidez de lui donner 20 €. Maintenant mettez-vous dans la peau de celui dont la décision va, toujours dans le jeu, valider votre proposition : votre raisonnement est tout autre. Vous vous dites : il a eu de la chance et il me propose une somme ridicule, ce n'est pas très élégant. Vous le punissez considérant que vous ne perdrez que 20 € alors que lui perdra beaucoup plus et vous refusez sa proposition. Question : pourquoi, à de rares exceptions, les hommes et les singes négocient-ils donc autour de l'équilibre ? Réponse : parce que tout simplement ils tiennent à leur image et, surtout, parce qu'ils cherchent à consolider une bonne relation. Par ailleurs, et sans aucun cynisme, ils anticipent la prochaine relation, et le prochain tour pourrait se jouer avec 1 000 € dans la main de l'autre.

À ce même jeu de l'ultimatum, qui aide à comprendre la victoire de Trump aux dernières présidentielles américaines, l'Angleterre et l'Europe avaient déjà perdu peu de temps avant. Qui, en effet, a voté pour le maintien du Royaume-Uni dans l'UE ? Les gens des villes et de la cité londonienne, la métropole la plus chère du monde où les revenus atteignent des niveaux astronomiques, sans parler des prix insensés de l'immobilier. Hors de la cité, c'est le chômage, la disparition des emplois dans l'industrie et une agriculture qui n'assure plus des revenus décents. Qu'apporte l'Europe à tous ces gens ? Même si les fonds européens contribuent à l'amélioration des équipements et des infrastructures des régions les plus défavorisées, ces personnes n'ont pas le sentiment de recevoir une juste part. Alors, elles se disent qu'elles n'ont pas grand-chose à perdre alors que les élites de Londres et de Bruxelles seront bien plus punies. Et c'est le Brexit. Même si je ne partage pas les analyses de Thomas Piketty sur les solutions à apporter à l'accroissement ahurissant des inégalités, le Brexit en est bien la conséquence, la question devenant : à qui le tour la prochaine fois ?

Certes, la pauvreté a massivement reculé dans le monde, mais nos démocraties sont désormais malades de la bipolarisation entre des riches de plus en plus riches et une multitude grandissante de pauvres. Et nos systèmes politiques se montrent impuissants à résoudre ces problèmes socio-économiques. Alors les électeurs, fatigués, votent contre le consensus ou bien osent la différence. Il serait grand temps que nos partis politiques, y compris en France, comprennent le jeu de l'ultimatum : le peuple a désormais moins à perdre en osant la différence que tous les bénéficiaires de ces rentes partisanes de plus en plus fossilisées. Le jeu gagnant/gagnant à deux bosses de plus en plus inégales devient un jeu perdant/perdant quand celles et ceux qui gagnent peu par rapport à ceux qui gagnent beaucoup ressentent un profond sentiment d'iniquité. Dans cette optique, les débats et les décisions prises autour de la taxation ou non des heures supplémentaires et seulement pour quelques euros de plus sont tout simplement insultants. Ce qui m'amène à revenir sur une série d'expériences faites avec des singes capucins, les plus intelligents des singes d'Amérique du Sud, dont nous avons déjà parlé dans notre première partie.

Éthologie et éthique

Dans cette étude réalisée par l'équipe de Frans de Waal à l'université d'Atlanta, deux capucins se trouvent dans des cages voisines. Ils peuvent se voir et se toucher. On leur demande de réaliser des tâches complexes, dont ils s'acquittent aisément, non sans s'imiter et s'entraider. On les récompense avec des morceaux de concombres, qu'ils apprécient. La routine s'installe, ils poursuivent leurs tâches et tout va pour le mieux. Puis, on décide de donner des raisins à l'un des deux, l'autre restant au régime concombre. Ce dernier s'aperçoit vite de son régime de défaveur et cesse toute participation. Déception, humiliation, colère et grève.

Continuons avec les mêmes capucins. On maintient le même dispositif expérimental des deux cages voisines. Cette fois, on dispose devant eux une planche avec, à chaque extrémité, une corde pour la tirer. On place un bol de riz à l'une des extrémités. Le capucin qui tient la corde tire, mais tout tombe. Il comprend vite qu'il a besoin que son coreligionnaire tire en même temps que lui afin d'approcher la planche et le bol. Il le sollicite, l'autre accepte. Grâce à leur coopération, il réceptionne le bol et s'empresse de partager selon les principes du jeu de l'ultimatum : un peu plus pour lui et une part équitable pour son partenaire. Il y a reconnaissance. On ne sait jamais, au prochain coup ce sera peut-être un bol plus gros rempli de raisins…

Mieux encore, mais cette fois avec des chimpanzés. Un individu réalise diverses tâches et reçoit des récompenses. Deux autres chimpanzés se trouvant dans la cage voisine, auxquels on ne demande rien, observent la scène. Le chimpanzé de service saisit ses récompenses et n'hésite pas à en céder une portion à ses deux congénères. Pourquoi ? Ils ne méritent rien. En outre, les chimpanzés sont connus pour leur sens du respect de ce qui est à autrui ou acquis par autrui. Il est rare qu'un dominant ou une dominante accapare par la violence ce qui se trouve dans les mains d'un autre. En fait, notre chimpanzé travailleur veille à la paix sociale, plus précisément à sa propre tranquillité. Quand il se retrouvera avec ses camarades, et même si ces derniers acceptent de ne pas avoir de récompense, il peut se présenter une situation conflictuelle qui provoque une réaction agressive exacerbée par un sentiment de frustration. En partageant, notre chimpanzé atténue ce risque. (F. de Waal, *L'Âge de l'empathie. Leçons de la nature pour une société solidaire*, LLL, 2010).

Maintenant, revenons chez les hommes. Il y a quelques années, un monsieur se retrouve une fois de plus comme plaignant devant une cour de justice dans l'est de la France. Cela fait plusieurs fois qu'il s'est fait cambrioler sa belle maison et volé sa belle voiture. On connaît les coupables, qui sont punis. Mais le juge dit en substance au plaignant : « C'est la dernière fois que je vous vois devant ce tribunal ; vous jouissiez d'une réussite sociale et financière dont je ne discute pas les mérites, mais nous sommes dans une région économiquement sinistrée : vos comportements ostentatoires suscitent le ressentiment et je vous enjoins d'adopter d'autres attitudes. »

Ce qu'on appelle le Penelope Gate résulte d'une évolution éthique de la société que n'ont pas compris trop de femmes et d'hommes politiques accaparés par les arcanes du jeu politicien. Sans préjuger de l'issue juridique de cette affaire – au moment où j'écris ces lignes, on accuse les juges sans qu'ils aient produit le moindre jugement, la présomption d'innocence prévalant même quand il y a mise en examen. De l'aveu même de François Fillon dans sa conférence de presse d'explication, ce qui était légal ou admis auparavant ne l'est plus actuellement. Il n'y a plus de consentement : la morale d'un temps heurte l'éthique d'un autre temps.

Chez les singes les plus sociaux comme chez les hommes, la vie en société ne consiste pas à nier les différences, mais à faire en sorte qu'elles ne deviennent pas des inégalités, ce qui constitue une rupture du « consentement » cher à Claude Lévi-Strauss. Comme je l'ai dit plus haut, l'anthropologie culturelle a montré que les sociétés « consentent » aux privilèges de celles et ceux qui ont la responsabilité de diriger le groupe. Il s'agit d'un contrat social accepté en pleine conscience. Mais s'il y a rupture, cela conduit à une crise, souvent violente, avec le meurtre, réel ou symbolique, des leaders. On connaît de tels exemples chez les chimpanzés. Il n'y a que dans nos sociétés dites modernes, minées par les idéologies, que les dictateurs finissent dans leur lit (Staline, Mao, Castro) ou au terme d'un chaos dévastateur parce que les peuples n'ont pas osé ou pu s'en débarrasser assez tôt (Hitler, Mussolini, Ceauescu…). Cette question du consentement n'apparaît pas dans les débats actuels alors même que tout le monde a conscience que nous sommes au cœur d'une crise de gouvernance. Le système politique actuel, qui n'a pas que des défauts – surtout pas dans ses principes –, ne répond plus aux nouvelles attentes d'un monde qui a déjà profondément changé (P. Picq, « Il est l'heure de bâtir un nouvel humanisme », *La Tribune/Acteurs de l'économie*, oct. 2016 ; « Préface », *in* P. Beretti et A. Bloch (éd.), *Homo numericus au travail*, Economica, 2016).

L'emprise des causes immédiates

Si les femmes et les hommes politiques changent peu, est-ce que leurs idées changent ? Les primaires de gauche et de droite ont eu deux résultats contradictoires : l'élimination des candidats qui pensaient pouvoir revenir et le choix de polarités politiques classiques. Les personnalités ont été éliminées dans l'ordre inverse de ce qu'ont été leurs responsabilités aux plus hauts niveaux de la nation : d'abord l'ancien Président et le futur ancien Président, l'un flingué, l'autre sabordé, Nicolas Sarkozy et François Hollande, puis les anciens Premiers ministres, dont un en sursis avec la justice – Alain Juppé, Manuel Valls et François Fillon. Restent les anciens ministres de l'Économie et de l'Éducation.

Tout cela traduit un refus de l'électorat de revoir les mêmes têtes, quitte à prendre des risques évidents, voir insensés – dostoïevskiens, comme dans les élections récentes à l'étranger ? Les candidats encore en lice seraient bien avisés de ne pas trop argumenter de leurs expériences face à des électeurs qui récusent notre système moribond. À quoi servirait une expérience venant d'un système obsolète dans sa gouvernance pour affronter un monde nouveau, certes de mieux en mieux identifié, mais dont les mêmes politiques, chevaux de retour infatigables, ignorent les réalités émergentes ? Feignant d'ignorer ces changements, les candidats tentent de se maintenir en se réfugiant dans l'agitation des causes immédiates dans une course en avant effrénée pour éviter la chute.

Nikolaas Tinbergen, l'un de ces plus grands théoriciens de l'éthologie, décrit parfaitement le comportement d'un animal

Communauté d'agglomération Grand Paris Sud

qui doit trouver des réponses aux facteurs d'un nouvel environnement à partir d'un double passé : celui de son espèce et celui de sa propre expérience (phylogenèse et ontogenèse). Il distingue les causes proximales ou immédiates des causes ultimes ou fondamentales.

Les causes immédiates concernent les réponses comportementales des individus à de nouveaux stimuli ; les causes fondamentales s'intéressent à la signification adaptative de ces comportements au niveau de la population. Or, depuis plusieurs décennies, la réduction de la durée des mandats et la frénésie des élections, auxquelles nos politiques ajoutent de plus en plus l'appel aux référendums, sont des politiques des causes immédiates. Nous sommes dans la réaction et non plus dans l'action. Et nos dirigeants, même s'ils ne sont pas exempts de reproches, se trouvent bousculés par les tempêtes des causes immédiates. Est-il tout simplement possible de développer un vrai projet politique ?

La tyrannie de l'immédiateté et de la réactivité fait qu'aujourd'hui la viralité des réseaux sociaux impose son désordre. Là aussi, quels changements en quelques années ! Il suffit de comparer l'usage des réseaux, et tout particulièrement de Twitter dans la campagne présidentielle de Barack Obama et dans celle de Donald Trump, sans oublier le récent Brexit. On se retrouve avec des pro-Brexit élus, mais sans programme, qui se défilent et un Président américain presque surpris de se retrouver à la Maison Blanche. Un nouveau terme sert désormais à décrire ce phénomène, celui de *post-trust,* ou « post-vérité ». Autrement dit, deux piliers fondamentaux de nos démocraties modernes, la politique et le journalisme, se retrouvent hors jeu. Big Brother est déjà dans nos poches et les paranoïas sécuritaires nous précipitent à la vitesse du numérique dans les rets d'une dictature digitale dont nous sommes les victimes actives et consentantes. Relisons vite *La Servitude volontaire* de La Boétie, car seule la culture sauvera l'humanité postmoderne.

Si répondre aux causes immédiates est nécessaire, n'est-il pas encore plus inquiétant de devoir réagir au cynisme affiché et théorisé des faits alternatifs ? La stratégie de la campagne de Trump a été d'une incroyable efficacité (France Culture, « Trump est plus innovant qu'on ne le pense », 7 février 2017). En utilisant les réseaux et les analyses des données massives (big data), ses équipes ont ciblé individuellement les personnes susceptibles de faire basculer leur suffrage. Pour se faire élire, il ne sert à rien de s'adresser aux électorats convaincus (les deux bosses du chameau), si ce n'est pour les conforter, il faut se concentrer sur une partie très minoritaire des électeurs en s'adressant personnellement à eux. La décision du suffrage universel se réduit à l'expression de suffrages minoritaires.

À l'issue du premier tour de la primaire de la droite et du centre, j'ai été frappé par les échanges entre les lieutenants des plus proches des candidats. Mme Rachida Dati arguait qu'on avait besoin d'un homme – Nicolas Sarkozy – capable de prendre des décisions avec courage et détermination. Elle ne se rendait pas compte qu'elle défendait une politique des causes immédiates et que si son héros, convenons-en, n'avait pas été pas trop mauvais dans ce genre de situation au début de son quinquennat, il était tombé en déshérence par temps calme, car dépourvu de toute assise ultime. Et quand il a voulu se chercher un projet, on sait dans quels maquis buissonneux il s'est égaré. N'est pas Bonaparte qui veut, même quand on connaît la Corse. Il en va de même pour une partie de la gauche qui présente des solutions immédiates pour « penser » les maux, mais sans proposer de nouveaux projets de société. Les attaques anticapitalistes ou autres peuvent se justifier en raison des dérives constatées, mais elles se contentent de limiter la « casse » par la division du temps de travail, les interdictions de licencier, l'augmentation des prélèvements en tous genres, etc.

Dans le même ordre d'idées, n'est-il pas saisissant de constater le recours au référendum sur des questions bloquées, comme l'aéroport de Notre-Dame-des-Landes, et même la volonté de l'inscrire dans des projets de gouvernance ? Notre système politique et notre démocratie souffrent d'un profond problème de gouvernance entre l'usage de l'article 49-3, les sondages et les référendums. Nos sociétés ont sombré dans l'enfer des causes immédiates, sans plus aucun intérêt pour l'histoire et donc sans avenir.

Quelles réponses politiques un quinquennat plus tard ?

Il aura fallu du temps pour qu'un réel débat s'instaure entre les candidats à la présidentielle de 2017. La campagne a véritablement commencé un mois avant le premier tour. Car jusqu'à l'émission de mars 2017 entre les cinq principaux candidats, les seuls sujets se concentraient sur le nombre de postes de fonctionnaires à supprimer, les révélations du Penelope Gate, les déboires de Marine Le Pen avec le Parlement européen, les mésaventures de Philippe Poutou devant la bande de primates de Laurent Ruquier… Et pourtant il y aurait tant à dire et à faire aujourd'hui pour que notre pays s'ajuste aux exigences de l'époque.

Au hasard de mes pérégrinations littéraires, j'ai eu l'honneur de faire la conférence inaugurale autour du progrès et de l'évolution humaine dans le cadre du festival « Les idées mènent le monde », à Pau, chez François Bayrou, en novembre 2016. Au moment des signatures, j'avise sur le stand du libraire le livre de Georges Bernanos, *La France contre les robots*.

Que peut dire un penseur catholique conservateur sur les robots à la sortie de la Seconde Guerre mondiale (le livre date de 1947) ? Eh bien, ceci : « Chaque jour en effet, nous apporte la preuve que la période idéologique est depuis longtemps dépassée, à New York comme à Moscou ou à Londres. Nous voyons la Démocratie impériale anglaise, la Démocratie ploutocratique américaine et l'Empire marxiste des Dominions soviétiques sinon marcher main dans la main – il s'en faut ! – du moins poursuivre le même but, c'est-à-dire maintenir coûte que coûte, fût-ce en ayant l'air de le combattre, le système à l'intérieur duquel ils ont tous acquis richesse et puissance. Car, à la fin du compte, la Russie n'a pas moins tiré profit du système capitaliste que l'Amérique ou l'Angleterre ; elle y a joué le rôle classique du parlementaire qui fait fortune dans l'opposition. Bref, les régimes jadis opposés par l'idéologie sont maintenant étroitement unis par la technique. Le dernier des imbéciles, en effet, peut comprendre que les techniques des gouvernements en guerre ne diffèrent que par de négligeables particularités, justifiées par les habitudes, les mœurs. Il s'agit toujours d'assurer la mobilisation totale pour la guerre totale, en attendant la mobilisation totale pour la paix totale. Un monde gagné pour la Technique est perdu pour la Liberté. » (G. Bernanos, *La France contre les robots*, Le Castor Astral, 2015).

Il n'y a pas une ligne à changer, et je laisse le soin au lecteur de trouver les références à des personnages ou des situations actuels. De même que dans l'évolution, les espèces changent, mais ce sont toujours les mêmes mécanismes qui agissent, dans l'histoire, les situations évoluent, mais ce sont toujours les mêmes recettes de la politique.

La société en avance sur la politique

Les grands défis de notre temps exigent une politique de notre temps et non pas des réponses d'une politique d'un autre temps (les deux bosses du chameau). Si les théories de l'évolution ont considérablement évolué depuis l'époque de Darwin, quelle fossilisation des idéologies de droite et de gauche depuis le XIXe siècle – ce qu'on appelle des fossiles vivants ! À la question du journaliste et éditorialiste Denis Lafay qui me demandait dans un entretien si nous étions dans une période darwinienne ou, plus précisément, gouldienne (en référence aux travaux de Stephen Jay Gould) de transition, l'évolution procédant par des phases d'équilibre ou de progression régulières entrecoupées de courtes périodes de changements drastiques, voici ce que je répondais en 2016 : « Nous sommes aujourd'hui au cœur d'une telle phase évolutive avec le réchauffement climatique, les effondrements des biodiversités naturelles et domestiques (le cauchemar de Darwin) comme l'érosion des diversités culturelles (le cauchemar de Lévi-Strauss), les bouleversements démographiques (le cauchemar de Malthus), une économie et des entreprises confrontées à des décisions politiques et sociétales qui s'évertuent à préserver les acquis d'une société déjà dépassée au risque d'étouffer les innovations nécessaires (le cauchemar de Schumpeter) et tout cela poussé par l'impact des NBIC (le cauchemar d'Ellul) et de l'intelligence artificielle (le cauchemar de Dawkins et de Musk) au risque d'en perdre notre humanité (le cauchemar de Heidegger). [...] Nous sommes plus que jamais, nous les hommes, les acteurs de tous ces bouleversements, pas toujours conscients et encore moins avec un sentiment de responsabilité envers les générations futures. Or, deux leçons sont à retenir de Darwin – parmi d'autres – pour nous adapter : comprendre que nous vivons sur des adaptations du passé ; toujours se poser la question : sommes-nous capables de comprendre que ce qui a fait notre succès ne suffit pas pour s'adapter au monde que nous avons contribué à changer et que ce que nous faisons aujourd'hui contraint les possibilités des générations futures à édifier leur propre idée du progrès ? [...] L'évolution, ce n'est pas – que – le passé, mais la descendance avec modification. » (Pascal Picq et Denis Lafay, « Il est l'heure de bâtir un nouvel humanisme », *Acteurs de l'économie/La Tribune,* octobre 2016).

Est-ce que ces sujets sont abordés dans les débats politiques actuels, que ce soit dans les médias ou dans les programmes ? Non ! Une anecdote récente illustre d'ailleurs ce décalage entre le monde politique et notre société. Alors que nous devions tenir les « Premières assises de l'observatoire de l'ubérisation de la société » dans une salle de l'Assemblée nationale le matin du 25 janvier 2017, divers tracas liés aux services de sécurité ont conduit à l'annulation de cette réunion. Même si on admet que certains participants – dont moi, qui devais tenir le propos introductif – auraient dû prendre la peine de vérifier leur inscription sur le site de l'Assemblée nationale, on a dû mal comprendre qu'à l'ère du fichage numérique généralisé, et alors même qu'il suffit de présenter une pièce d'identité à la

Police de l'air et des frontières pour entrer dans notre pays en état de vigilance antiterroriste, on ne puisse pénétrer dans une assemblée du peuple transformée en sanctuaire de la paranoïa sécuritaire. Mais il est vrai que notre compagnie se composait de dangereux journalistes, universitaires, entrepreneurs...

Nos mésaventures institutionnelles avec L'Observatoire de l'ubérisation de la société ne sont que le fruit de réactions instinctives, les éthologues ne se laissant pas tenter par les interprétations complotistes. Mais elles n'en sont pas moins significatives du décalage entre des changements de mieux en mieux analysés et compris depuis un quinquennat – plus il est vrai dans la presse internationale que dans notre presse nationale, mais on peut se balader sur les réseaux – et la majorité d'une classe politique de plus en plus autiste.

Mon intention n'est pas de faire un mauvais procès. Il n'y a pas eu complot, seulement un faisceau de désagréments et beaucoup de mauvaise volonté de la part de quelques individus ou services. Mais l'impression est désastreuse et si les individus et services concernés avaient compris l'importance des changements actuels que porte le travail bénévole des associations de citoyens et d'acteurs de notre pays, de telles assises se seraient tenues. Je reste tout de même choqué par l'expulsion presque *manu militari* des participants et des auditeurs. En définitive, notre réunion s'est tenue dans la salle en sous-sol d'un grand café – bel exemple d'adaptabilité. Ce n'était pas le Procope, mais nos élus devraient se rappeler qu'en France, les révolutions commencent dans les cafés. Il est tout de même amusant de préciser que nous nous sommes réfugiés au café Bourbon exactement deux cent vingt-huit ans après, à un jour près, la convocation des états généraux par Louis XVI le 24 janvier 1789.

De la politique face à l'aversion au changement

La référence à la fin de l'Ancien Régime n'est pas anodine tant on ressent la sclérose de notre système politique actuel. Est-ce un hasard si trop d'élus s'octroient d'ultimes privilèges financiers de toutes sortes avant le naufrage ?

N'est-il pas consternant de rappeler que les deux derniers présidents de la République ont dit, non sans quelque amertume, qu'on ne pouvait plus nommer à une fonction ministérielle des personnalités de la société civile ? Voilà, selon l'expression d'Alexandre Jardin, comment on se retrouve avec une classe politique « hors sol ». Les affaires révélées par les médias et suivies par la justice montrent combien nombreux sont ceux qui, dans notre classe politique, se trouvent déconnectés de la société par-delà toute déontologie. Mais n'est-ce pas l'essence même de la démocratie qui est ici méprisée ?

De fait, depuis plusieurs décennies, les quelques ministres issus de la société civile, parmi les rares nommés, ne « tiennent » pas. Mis à part Claude Allègre et Luc Ferry, ils ne restent pas longtemps en poste, surtout s'ils sont entrepreneurs (Francis Mer, Thierry Breton). Les scientifiques Hubert Curien et Claudie Haigneré méritent un coup de chapeau pour avoir assuré avec succès leur mission visant à développer la recherche et la culture en science – deux sujets peu abordés dans les campagnes. Comment expliquer ces difficultés ? Sans doute par le fait que les entrepreneurs et les scientifiques sont confrontés à ce qu'est le monde – la nature et le marché – et ne se focalisent pas sur ce que devrait être le monde. Leur survie dans la jungle politique requiert une expérience qu'ils n'ont pas. Les arcanes byzantins sont devenus si complexes qu'il est devenu impossible de faire avancer le moindre choc de simplification. Surtout pas, car la survie de ces castes de plus en plus coupées du monde vient de là. Hier la noblesse de robe sous l'Ancien Régime ; aujourd'hui l'énarchie et ses métastases.

Tout cela reste d'une grande banalité anthropologique. Les sociétés humaines détestent le changement. Leurs récits mythologiques, leurs règles et leurs institutions se liguent pour pérenniser un état social. Qu'importe que ces sociétés et leurs traditions orales ou leurs romans nationaux soient récents ou pas, c'est toujours la même recette anthropologique. Le livre de Roy Lewis *Pourquoi j'ai mangé mon père ?* donne une version aussi pertinente que désopilante de l'inertie des sociétés humaines face au changement. La défiance – doux euphémisme – envers les théories du changement dans la nature (évolution) ou dans les sociétés (chercheurs, entrepreneurs) se traduit par le mauvais sort fait à ses acteurs, les chercheurs ou les entrepreneurs, au fil des gouvernements de droite et de gauche. La gauche de la gauche n'aime pas les entrepreneurs et la droite de la droite déteste les chercheurs (les deux bosses du chameau sorties des primaires). On taxe les premiers de façon insensée, on leur impose des réglementations ubuesques et on saisit une part démente de la transmission de leur entreprise qui constitue leur retraite. Quant aux seconds, c'est bac plus quinze ans, avec l'espoir de décrocher un poste mal rémunéré, la trentaine bien tassée, en travaillant comme des dingues plus de soixante heures par semaine (et une retraite médiocre puisqu'on les y met d'office alors qu'ils n'ont pas eu le temps de suffisamment cotiser en raison de leur recrutement tardif !). Comme les créateurs des connaissances et de richesses travaillent comme des damnés et ont peu de temps pour militer, ils ne disposent pas d'une représentation politique digne de leurs contributions à la société. Les termes « darwinisme » et « libéralisme » sont des anathèmes qui ne correspondent en rien aux théories darwiniennes et postdarwiniennes de l'évolution, lesquelles n'ont rien à voir avec le darwinisme social ou l'eugénisme, et pas plus avec les vrais fondements philosophiques et économiques du libéralisme, lequel n'a rien à voir avec le néolibéralisme pseudo-darwinien ou financier et encore moins avec les professions libérales (G. Kœnig, *Le Révolutionnaire, l'Expert et le Geek*, Plon, 2015). *Homo sapiens modernicus* demeure viscéralement – on n'ose pas dire cognitivement – un *Ubupithecus ideologicus anti-evolutionnaris*.

Cette aversion au changement est bien connue des politiques, surtout depuis que l'on est revenu des espoirs de grand soir et de révolution dont le XXe siècle nous a vaccinés. Cette année, on célèbre le centenaire de la Révolution d'octobre. Un article récent de la journaliste russe Elena Egorova intitulé « Russie. Centenaire d'octobre 2017 : qu'est-ce qu'on fête ? » évoque l'embarras des membres du comité d'organisation sous l'œil néo-tsariste de Vladimir Poutine (*Courrier international*, n° 1372, 16-22 février 2017).

Un peu plus de deux siècles plus tard, le rêve de Condorcet d'un homme moderne libéré des archaïsmes semble tourner au cauchemar. La raison semble avoir déserté l'avenir, même si trop de dérives dramatiques se sont revendiquées de son nom d'une révolution à l'autre (E. Badinter, « Reprendre le flambeau », *Les Lumières. Face au retour de l'obscurantisme*, *Philosophie magazine*, hors-série, 2017). Qui aurait cru au retour des fondamentalismes religieux dans les pays industrialisés (P. Picq, *Lucy et l'Obscurantisme*, Odile Jacob, 2007) comme à celui des archaïsmes anthropologiques en matière de gouvernance ? Les mouvements religieux les plus fondamentalistes expriment de plus en plus leurs velléités réactionnaires, notamment aux États-Unis (évangélistes), en Turquie (islam fondamentaliste), en Russie (orthodoxie) et en Chine (confucianisme, mais qui n'est pas une religion au sens strict). De quoi s'inquiéter quand on sait que Vladimir Poutine, Recep Erdogan et Xi Jinping affirment des pouvoirs de plus en plus personnels et autoritaires. Attendons l'évolution de Donald Trump qui, pour l'heure, a inventé la plouto-gérontocratie, tandis que les autres consolident leurs « démocratures », ces régimes de moins en moins démocratiques mais dont la légitimité repose sur des élections démocratiques. Voici donc la nouvelle « bande des quatre ». Nos philosophes des Lumières européennes doivent se retourner une fois de plus dans leurs tombes.

Bienvenue dans la postmodernité

Notre postmodernité, s'il faut l'appeler ainsi faute de mieux et en dépit de la polysémie de ce terme, est un processus en marche et nommé depuis trois décennies. Toutefois, malgré les travaux de quelques chercheurs et penseurs du petit monde des sciences humaines – sociologues, anthropologues, économistes – et de quelques philosophes ou écrivains comme Michel Houellebecq, la société et ses responsables politiques semblent encore l'ignorer. La révolution numérique, l'ubérisation de la société et les résultats des élections américaines et anglaises sonnent pourtant le glas.

Le choc de ces élections, tout comme la crainte de celles à venir (les bourses toussent déjà), amène à s'interroger sur les raisons de tels choix. À ma grande surprise, pourtant, les facteurs identifiés et présentés dans les pages précédentes n'apparaissent pas (ou peu) dans les discours politiques, chez les économistes ou dans les médias. L'excellente revue *Philosophie magazine* titre ainsi son édition de mars 2017 : « Tout est-il possible ? » Son directeur, Alexandre Lacroix, livre une analyse inspirée de la mécanique quantique. L'intérêt de l'exercice est surtout le passage d'un modèle déterministe newtonien au modèle d'incertitude ou, plus justement, d'indétermination développé par Heisenberg pour la mécanique quantique. N'est-il pas significatif que ce que l'on appelle la physique moderne se soit édifié autour de la tragédie de la Première Guerre mondiale ? Est-ce que l'analogie retrouve sa pertinence un siècle plus tard ? Quel serait le champ scientifique qui aurait le plus de pertinence pour comprendre les bouleversements actuels ? Du temps des utopies et de l'invention de la modernité occidentale, les penseurs et les économistes se référaient à la physique de Newton à grand renfort de modélisations mathématiques. Des premières utopies aux Lumières, on passe de modèles statiques comme la Providence (la théologie naturelle) ou la mécanique céleste, à des modèles dynamiques et déterministes dit « évolutifs » : le progrès, le développement, la croissance. Le plus étonnant pour un évolutionniste est que, d'Adam Smith à nos jours, après plus de deux siècles d'une telle évolution, on persiste à rechercher les « équilibres des marchés », non sans rapport avec les projets politiques de l'aboutissement à des sociétés stables ou finales – en un mot, utopiques. (On sait ce qui s'est passé depuis la chute du mur de Berlin et la prédiction de Francis

Fukuyama annonçant la fin de l'histoire dans un monde libéré et libéral à l'échelle planétaire).

Cette quête insatiable et obsessionnelle de lois du marché, de l'économie, de la société et même de la vie découle d'une métaphysique profondément ancrée dans notre inconscient collectif. Il y a un déni des contraintes historiques, des variations et des contingences (et même des aléas naturels si l'on se souvient des quelques volcans cités), autrement dit, de l'évolution de la vie. Il est saisissant de constater combien le vaste champ des sciences humaines, de la philosophie et de la théologie s'évertue à ignorer les théories de l'évolution dont les mécanismes résistent à la volonté des hommes de maîtriser son devenir. Il y a bien un « malaise dans notre civilisation » pour reprendre le titre du célèbre texte de Freud écrit en 1929, année de la grande crise économique et sociale.

Nous sommes entrés brutalement dans un monde de contingence. Depuis les commencements de la modernité se sont succédé le temps de la théologie (déisme), celui de la raison (Lumières), puis de l'idéologie (progrès) et de l'économie (capitalisme). Voici venir le temps de l'évolution. Joseph Schumpeter a été le premier à parler d'« économie évolutionniste » en 1912, reconnaissant sa dette envers Charles Darwin dans un entretien donné à la fin de sa vie. Le couple inventeur/entrepreneur de l'économie s'inspire de l'articulation variation/sélection de la biologie évolutionniste. Car la contingence découle bien de l'émergence de caractères nouveaux qui ne répondent à aucun projet mais qui, s'ils sont sélectionnés, changent l'environnement. Le fait que l'on évoque jusqu'à saturation les injonctions pour l'innovation, la créativité, la formation tout au long des âges de la vie, les start-up, le design ou la production de masse individualisée témoigne du passage d'une économie extensive (production en série standardisée, augmentation de volumes, économies d'échelle, logique quantitatives…) à une économie intensive (M. Gauchet, *Le Nouveau Monde*, Gallimard, 2017). Or le fait qu'une start-up, avec peu d'investissement ou un « coût marginal zéro » (J. Rifkin, *La Nouvelle Société du coût marginal zéro. L'internet des objets, l'émergence des communaux collaboratifs et l'éclipse du capitalisme*, LLL, 2014), puisse modifier un secteur économique occupé jusque-là par de grandes entreprises nationales et multinationales suffit à démontrer le caractère contingent de nos sociétés et de nos économies phagocytées par l'espace digital darwinien.

Aujourd'hui, une multitude de David bouscule les positions fermement occupées par les derniers Goliath. (Israël se distingue comme le pays le plus innovant de la planète avec un taux d'émergence et de développement inégalé dans le monde des start-up et des petites entreprises). Or ces innovations et leurs conséquences – par exemple, les nouvelles formes d'économies solidaires, de partage, de don, d'entraide ou les circuits courts et les nouvelles plateformes entre producteurs et prestataires de services – ne procèdent pas de plans étatiques. Même si les États tentent de contraindre ou, du moins, de réguler ces innovations et leurs répercussions socio-économiques, le cadre solide de l'État-nation ne parvient plus à endiguer ces sociétés liquides. En filant la métaphore, nos politiques seraient bien inspirés de se renseigner sur la différence entre les stratégies adaptatives dites « Océan Rouge » et « Océan Bleu » (W. C. Kim et R. Mauborgne, *Stratégie océan bleu. Comment créer de nouveaux espaces stratégiques*, Pearson, 2010) au lieu de naviguer à vue, au mieux à l'estime. Comment appréhender la contingence ? En commençant par se dégager de la métaphysique du pouvoir et par adopter la recommandation de Michel Serres : « Plutôt que de recherche une cause, mieux vaut considérer les variations dans un éventail de contraintes multiples » (P. Picq, M. Serres et J.-D. Vincent, *Qu'est-ce que l'humain ?*, Le Pommier, 2003).

De ces bouleversements en cours, faut-il s'angoisser, faut-il se réjouir ? Ni l'un ni l'autre. Il faut nous adapter et s'adapter à un nouveau monde implique de jouer sur les variations existantes et de les organiser différemment. Et côté variations, quelle richesse puisque coexistent actuellement cinq, voire six générations connectées à toutes les populations du monde : la génération silencieuse de nos grands aînés qui a connu la Seconde Guerre mondiale ; celle des baby-boomers, enfants des télécommunications, du transistor, de la télévision et des premiers ordinateurs ; la génération X des jeux et des logiciels ; la génération Y des réseaux sociaux ; la génération Z des activités en ligne ; enfin, celle encore jeune dite TBD (*to be determined*, « à déterminer » donc) et qui est née avec le smartphone. Nous avons le monde dans la main et il suffit de quelques clics et glissements de doigts pour naviguer dans la noosphère numérique (M. Serres, *Petite poucette*, Le Pommier, 2012). Seulement tout cela exige de nouvelles formes de relation, de solidarité, de redistribution. Comment inventer une nouvelle société avec cinq ou six générations et des vies qui ne ressemblent déjà plus du tout à celles des Trente Glorieuses ?

Nos modèles sociaux admettent habituellement trois périodes de vie. Il y a la jeunesse avec les études et la formation – assez courte en moyenne jusqu'au début des années 1980 ; puis une vie professionnelle bâtie sur une carrière le plus souvent longue ; enfin, une retraite bien méritée mais ne s'éternisant pas. Or aujourd'hui, une nouvelle période s'est insérée entre les deux premières, ce que les sociologues américains appellent la i-generation – avec i pour internat. Ce terme s'inspire de la longue période d'internat des jeunes médecins, modèle que connaissent les chercheurs après leur thèse avec les études postdoctorales et qui s'est généralisé avec les stages en entreprise : ces jeunes donnent leurs plus belles années de créativité dans un contexte d'incertitude dans l'espoir d'obtenir des emplois durables et décemment rémunérés. Autre période qui est apparue récemment : la maturescence, qui concerne des seniors en forme, compétents, expérimentés mais aspirant à souffler un peu. Pour cette classe d'âge également, le modèle linéaire, sériel et cumulatif n'est plus de saison. Toutes ces personnes, et pas que les plus jeunes, envisagent de travailler et de vivre différemment, avec des périodes de forte activité et d'autres plus calmes où elles s'occupent de jeunes enfants, effectuent des séjours sabbatiques, se lancent dans l'humanitaire ou tout simplement profitent du *farniente*. Elles ne veulent pas de l'existence linéaire de leurs aînés et considèrent que l'emploi à vie n'a aucun charme, lorsque l'on peut alterner les périodes de *carpe diem* et les phases de formation ou de travail intense ?

Et c'est comme cela qu'il faudrait appréhender le revenu universel. Le revenu universel n'a en effet aucun sens pour « panser » les maux de notre système à bout de souffle. C'est d'ailleurs la raison pour laquelle, d'après les sondages, les salariés rejettent l'idée défendue par Benoît Hamon qu'ils perçoivent, à tort ou à raison, comme de l'assistanat. En vérité, nombre de personnes aujourd'hui aspirent à organiser des périodes alternatives dans leur vie, avec un socle de sécurité au sein d'une même entreprise, dans diverses entreprises ou en endossant des fonctions institutionnelles. Se dessine ici une postmodernité riche de promesses et fondée sur l'autonomie, où la production de richesses s'accompagne de solidarité et de lien social pour éviter que des exclus soient stigmatisés par le « syndrome de la planète des singes ».

Mais comment passer d'une société dans laquelle la position et la reconnaissance sociales reposent sur la rémunération du travail productif ou associé, dont le salariat, à une société dans laquelle travail, rémunération et emploi sont de plus en plus dissociés ? Comment passer d'une société quantitative et consumériste à une société qualitative et moins individualiste ? Ont-ils envie, les jeunes et les moins jeunes, de se jeter dans les transports et les embouteillages tous les matins, perdant des heures dans le stress et la pollution, tout cela pour s'asseoir à un bureau et allumer un ordinateur, ce qui peut se faire de chez soi ? Le temps du contrôle des moyens de production et des moyens de travailler sous le contrôle de petits chefs incompétents, pathologie française du taylorisme et de l'autoritarisme archaïque, est révolu ! Nous sommes entrés dans l'ère de l'autonomie. Faut-il rappeler que notre modèle socio-économique est récent avec tout ce qui va avec, comme le salariat, les cotisations sociales et le contrat à durée indéterminée ? Ce n'est évidemment pas une raison pour appeler à sa disparition, mais d'autres raisons évoquées dans cet ouvrage décrivent son essoufflement et, surtout, son inadéquation avec le monde qui vient. Avec l'arrivée massive des robots et de l'intelligence artificielle, les métiers de main-d'œuvre et de cerveau-d'œuvre, plus de la moitié des métiers connaissent déjà de profondes transformations ; beaucoup disparaîtront, d'autres émergeront, certainement moins que ceux détruits. Bienvenue dans le nouveau monde !

Grands singes, robots et démocratie

Nous sommes engagés dans une nouvelle phase de l'évolution humaine, sans connaître ses contours émergents, et avec beaucoup d'interrogations. Est-ce un hasard si nos maisons de la presse et nos kiosques affichent autant d'excellents numéros hors-série consacrés aux Lumières, aux utopies, aux villes du futur, à l'intelligence animale, aux robots et à l'intelligence artificielle ? Tout est là, mais aucun programme politique ne s'aventure dans ce nouveau monde dans lequel on ne perçoit que les destructions sans saisir les créations. Cependant, est-il possible de proposer un programme qui admet les changements en cours, comme les profondes modifications du monde du travail, sans présenter une alternative cohérente ? Ce serait un suicide politique. Pourquoi ? Nous l'avons vu à propos des singes capucins, les singes et nous entretenons une aversion aussi psychologique que viscérale envers les pertes. Nos sociétés ont accumulé tellement d'acquis et de sécurité au cours d'un demi-siècle que nous sommes inquiets devant l'ampleur des pertes que, pourtant, nous devrons consentir pour créer une société postmoderne, ni utopique ni chaotique.

L'évocation des capucins nous ramène à l'organisation de cet essai : pourquoi partir des singes et des grands singes alors que nos sociétés sont tellement éloignées de la nature ? Pourquoi se promener dans les dernières forêts alors que nous devons nous adapter à la nouvelle jungle numérique ? Le motif s'est imposé de lui-même : notre monde a considérablement changé en un quinquennat et, à deux candidats près, nous retrouvons les mêmes. Et quand la volonté de s'accrocher au pouvoir se joint à l'aversion de la perte, ce n'est pas un signe encourageant d'adaptabilité.

Quels seraient les programmes politiques qui permettraient de retrouver notre dromadaire, soit une société avec de nouveaux équilibres sociaux et économiques et avec moins d'inégalités comme pendant les désormais mythiques Trente Glorieuses ? Les électorats, aux primaires de la gauche et de la droite, ont plébiscité le chameau avec une bipolarisation comme jamais entre les deux bosses. Un grand espace politique s'ouvre entre elles. Le dromadaire peut revenir, mais, comme dans l'évolution, ce sera forcément un dromadaire d'une nouvelle espèce que personne n'a jamais vue.

Toutefois, pour s'engager collectivement dans ce nouveau monde, il faut se débarrasser des oripeaux idéologiques et archaïques qui balisent encore les discours politiques. Qu'on le veuille ou non, la France et l'Europe sont profondément socio-libérales, avec des variations importantes selon les sensibilités politiques et nationales. Alors, on se surprend de cette bipolarisation entre le tout-social-redistribution et le tout-libéral-conservateur, entre le petit monde des allocations et celui des rentes. La gauche et la droite, et plus précisément le parti socialiste et le parti républicain, souffrent d'un effet centrifuge vers leurs fondamentaux archaïques, tout en subissant une détérioration centripète vers le centre, ce trou noir de la pensée politique française. Les choix des candidats respectifs de la gauche et de la droite traduisent, presque de façon caricaturale, que ce soit en économie ou en éthologie, l'« aversion de la perte » – en d'autres termes, on préfère la certitude de perdre, tout en espérant minimiser les pertes, plutôt que de prendre le risque de gains potentiels.

Un petit livre, aussi pertinent que savoureux, a échappé à l'intérêt de nos intellectuels hexagonaux – hormis Michel Onfray, Patrick Tort et quelques journalistes. Il s'intitule *Une gauche darwinienne* (P. Singer, *Une gauche darwinienne. Évolution, coopération et politique*, Cassini, 2002). Peter Singer, son auteur, est un biologiste, professeur à Havard, plus connu chez nous pour ses travaux et ses prises de position pour l'extension des droits de l'homme aux grands singes (chimpanzés, gorilles, orangs-outangs). Quelle ne fut pas ma surprise, et ma grande joie, de découvrir ce livre parlant de la gauche sous la plume (le clavier) d'un auteur américain – c'est encore plus jouissif en ces temps trumpiens ; à croire que Singer a décidé de se faire le chantre des espèces en voie de disparition…

Singer donne une analyse précise des erreurs conceptuelles et historiques de la droite et de la gauche autour de la pensée de Darwin et, aussi, du libéralisme. Car, lisez-moi bien chers amis, le libéralisme se fonde à l'époque des Lumières, dans le nord-ouest de l'Angleterre, autour de Birmingham, dans une période comprise entre la Révolution américaine et la Révolution française. Là, un groupe d'hommes amis des philosophes des Lumières, dont Condorcet, construit une nouvelle société. Cette communauté se donne pour nom la Société lunaire (Lunar Society). On y rencontre Erasmus Darwin, Josiah Wedgwood (respectivement grands-pères paternel et maternel de Charles Darwin), James Watt, Matthew Bolton, John Priestley et, comme fidèle visiteur et associé, Benjamin Franklin. Cette société constitue le socle de la pensée libérale et sociale de la gauche anglaise, les whigs. Car, qu'on se le dise et redise, le libéralisme est une pensée de gauche, tant elle revendique la liberté des individus. Et c'est bien pour cette raison qu'une partie de ces hommes ont combattu et fait abolir l'esclavagisme dans l'empire britannique et milité pour l'égale éducation entre les jeunes filles et les jeunes hommes (P. Picq, *Un paléoanthropologue dans l'entreprise*, Eyrolles, 2011). Deux siècles plus tard, nous entrons dans une telle période puisque les questions touchant au travail, aux moyens de production, à l'éducation, à la formation, aux revenus et au vivre-ensemble dans un monde connecté au cœur des débats politiques (P. Picq, *Le Progrès est mort, vive l'évolution,* Odile Jacob, en préparation). Serons-nous capables de construire un nouveau monde et de dépasser les absurdités idéologiques de gauche et de droite entre antidarwinisme primaire et darwinisme social erroné ? Il est grand temps que les évolutionnistes reviennent dans le monde politique. Ce qui nous ramène aux grands singes… et aux robots.

Les singes, les grands singes et tout particulièrement les chimpanzés et les bonobos nous donnent un recul considérable sur les réponses sociales et politiques sur l'économie, la gouvernance, le pouvoir de femelles et des femmes, le contrôle des outils et des techniques, les organisations et même l'écologie. Il ne s'agit aucunement d'imiter telle ou telle espèce, mais d'admettre que les unes et les autres ont dû s'adapter en fonction de leur histoire propre, de leurs contraintes phylogénétiques et de leurs capacités d'innovation sociale. Rien de nouveau sur cette Terre, sinon que nos sociétés actuelles doivent inventer de nouvelles gouvernances, et vite. Car, et c'est le fond anthropologique de cet essai, si nous ne sommes pas capables de comprendre les intelligences de nos frères d'évolution les grands singes, et tout particulièrement les chimpanzés et les bonobos, comment pourrons-nous le faire face à ces intelligences artificielles et, bientôt, de plus en plus autonomes ? Les cobots, les chatbots, les sobots ont déjà envahi nos environnements. Des bots se chargent déjà de traquer les trolls sur les réseaux – des algorithmes repèrent et éliminent les « faits alternatifs », les *fake news* et les chaînes de réactions malintentionnées contre des personnes, des entreprises et des organisations, même institutionnelles. Ajoutons les objets de plus en plus connectés entre eux, et nous voilà plongés dans un espace digital darwinien qui échappe de plus en plus à notre contrôle et à notre pouvoir. Or, c'est un immense paradoxe, nos cultures refusent encore d'admettre l'intelligence sociale et politique des grands singes et, pour les mêmes raisons imbéciles, ne se préparent pas à vivre avec ces nouvelles intelligences. Qu'on le veuille ou pas, l'intelligence artificielle (ou IA) et l'intelligence animale (ou IA) sont plus étroitement liées que par leurs acronymes s'agissant de l'avenir de notre espèce. Du moins si nous voulons éviter le syndrome de la planète des singes.

Notre culture déteste les singes depuis la nuit des temps et de plus en plus les politiques par les temps qui courent. Ces deux catégories de primates auraient-elles partie liée ? Le peuple singe n'a pas de droit de vote pour décider de son sort tandis que le peuple des hommes vote de moins en moins en désespoir de (grande) cause. N'est-il pas troublant de lire de plus en plus d'études scientifiques sur le déclin annoncé et inéluctable des singes (A. Estrada *et al.*, « Impeding extinction crisis of the world's primates : why primates matter », *Science Advances*, 18 janvier 2017) et de voir de plus en plus de sondages qui pointent le manque de confiance grandissant envers les politiques ? On a le sentiment que les singes doivent leur ultime espoir de survie à quelques refuges forestiers échappant encore aux intérêts des hommes alors que les clans des élus se réfugient dans des palais de plus en plus inaccessibles, consolidant leurs intérêts, et toujours plus coupés des préoccupations de gens. Que les singes ne comprennent rien au sort funeste que l'on leur inflige est une chose ; que les politiques et leurs programmes ignorent ou feignent d'ignorer les bouleversements actuels en est une autre. Doit-on constater la fin de la volonté politique et, par-delà les discours et les effets de manche, accepter que l'action politique se contente de gérer au mieux les contingences ? Le temps de la « politique fluide » est-il advenu ?

Les grands singes et les autres singes auront certainement disparu dans la nature d'ici 2050. Les derniers survivants seront confinés dans d'ultimes forêts ayant échappé aux destructions des hommes – plus certainement dans des parcs zoologiques. Qu'est-ce que cela peut faire ? Cela importe beaucoup plus qu'il n'y paraît tant notre évolution et notre histoire sont associées à celles des grands singes, du temps des Lumières au spectre de la planète de singes. Que sera cette évolution avec les robots et l'intelligence artificielle ? Imaginez que les grands singes s'allient aux robots, la question posée par François Mitterrand à Odile Jacob devient : « Est-ce que les robots vont prendre le pouvoir ? » À suivre donc…

communauté d'agglomération
Grand Paris Sud
communauté d'agglomération

Bibliographie

Bensoussan A. et J., *Droit des robots*, Larcier, 2015.

Bernanos G., *La France contre les robots*, Le Castor Astral, 2015.

Berstein A. et Raman A. P., « Le grand découplage », *Harvard Business Review*, juin-juillet 2016.

Bloch A. et Beretti P. (éd.), *Homo numericus au travail*, Economica, 2016.

Brynjolfsson E. et McAfee A., *The Second Machine Age. Work, Progress and Prosperity in a Time of Brilliant Technologies?*, Norton, 2014 ; *Le Deuxième Âge de la machine, travail et prospérité à l'heure de la révolution technologique*, Odile Jacob, 2015.

Byrne R. W. et Whiten A., *Machiavellian Intelligence*, OUP, 1988 ; Richard Wrangham et Dale Peterson, *Demonic Males*, Bloomsbury, 1997.

D'Arcy Wood G., *L'Année sans été*, La Découverte, 2016.

Davet G. et Lhomme F., *« Un président ne devrait pas dire ça... ». Les secrets d'un quinquennat*, Stock, 2016.

De Waal F., *L'Âge de l'empathie. Leçons de la nature pour une société solidaire*, LLL, 2010.

De Waal F., *La Politique du chimpanzé. Sexe et pouvoir chez les singes*, Odile Jacob, 1995.

De Waal F., *Sommes-nous trop « bêtes » pour comprendre l'intelligence des animaux ?*, LLL, 2017.

Descola P., *Les Lances du crépuscule*, Plon, 1993.

Estrada A. *et al.*, « Impeding extinction crisis of the world's primates: why primates matter », *Science Advances*, 18 janvier 2017.

Fukuyama F., *La Fin de l'histoire et le Dernier Homme*, Flammarion, 1992.

Gauchet M., *Le Nouveau Monde*, Gallimard, 2017.
Godelier M., *La Production des grands hommes*, Fayard, 1996.
Gomez P.-Y., *Le Travail invisible. Enquête sur une disparition*, François Bourin Éditeur, 2013.
Herzfeld C., *Petite histoire des grands singes*, Seuil, 2012.
Kahn A., *L'Homme, le Libéralisme et le Bien commun*, Stock, 2013.
Kim W. C. et Mauborgne R., *Stratégie océan bleu. Comment créer de nouveaux espaces stratégiques*, Pearson, 2010.
Kœnig G., *Le Révolutionnaire, l'Expert et le Geek*, Plon, 2015.
Leclercq G. et Jacquet D., *Uberisation, un ennemi qui vous veut du bien ?*, Dunod, 2016.
Le Guyader H. et Lecointre G., *Classification phylogénétique du vivant*, Belin, 2008.
Lipovetsky G. et Charles S., *Les Temps hypermodernes*, Grasset, 2004.
Picq P. et Lafay D., « Il est l'heure de bâtir un nouvel humanisme » et « Notre système politique est arrivé à son terme », *Acteurs de l'économie/La Tribune*, octobre 2016.
Picq P., *Au commencement était l'homme*, Odile Jacob, 2003.
Picq P., « Darwin, Freud et l'évolution », *Psychanalyse : les dessous du divan*, SPS, 293, hors-série, 2010.
Picq P., *De Darwin à Lévi-Strauss : l'homme et la diversité en danger*, Odile Jacob, 2013 ; *Le Retour de Madame Neandertal ou comment être sapiens*, Odile Jacob, 2015.
Picq P., *De Darwin à Lévi-Strauss*, Odile Jacob, 2013.
Picq P., « Des animaux, des robots et des hommes », Université de l'animal, 2017.
Picq P., *et al.*, *Les Grands Singes : l'humanité au fond des yeux*, Odile Jacob, 2005.
Picq P., « Il est l'heure de bâtir un nouvel humanisme », *La Tribune/Acteurs de l'économie*, oct. 2016 ; « Préface », *in* Pierre Beretti et Alain Bloch (éd.), *Homo numericus au travail*, Economica, 2016.
Picq P., *Il était une fois la paléoanthropologie*, Odile Jacob, 2010.
Picq P., *La Marche : retrouver le nomade qui est en nous*, Autrement, 2015.
Picq P., *Le Progrès est mort, vive l'évolution*, Odile Jacob, en préparation.
Picq P., *Le Retour de Madame Neandertal*, Odile Jacob, 2013.
Picq P., *Le Retour de Madame Neandertal*, Odile Jacob, 2015.
Picq P., *L'homme est-il un grand singe politique ?*, Odile Jacob, 2011.
Picq P., *Lucy et l'Obscurantisme*, Odile Jacob, 2007.

Picq P., *Nouvelle histoire de l'homme*, Perrin, 2002.

Picq P., *Nouvelle histoire de l'homme*, Perrin, 2005.

Picq P., « Préface », *in* Charles Darwin, *L'Instinct*, L'Esprit du Temps, 2009.

Picq P., « Préface », *in* Pierre Beretti et Alain Bloch (éd.), *Homo numericus au travail*, Economica, 2016.

Picq P., *Premiers hommes*, Flammarion, 2016.

Picq P., Serres M. et Vincent J.-D., *Qu'est-ce que l'humain ?*, Le Pommier, 2003.

Picq P., *Un paléoanthropologue dans l'entreprise*, Eyrolles, 2011.

Piketty T., *Le Capital au XXIe siècle*, Seuil, 2013.

Rifkin J., *La Nouvelle Société du coût marginal zéro. L'internet des objets, l'émergence des communaux collaboratifs et l'éclipse du capitalisme*, LLL, 2014.

Serres M., *Petite poucette*, Le Pommier, 2012.

Singer P., *Une gauche darwinienne. Évolution, coopération et politique*, Cassini, 2002.

Sloterdijk P., *Après nous le déluge. Les Temps modernes comme expérience antigénéalogique*, Payot, 2016.

Thierry B., « Identifying Constraints in the Evolution of Primate Societies », *Philos. Trans. R. Soc. Lond. B Biol. Sci.*, 2013, 368 : 1618.

Vittori J.-M., *L'Effet sablier*, Grasset, 2009.

Wrangham R. W. et Glowacki L., « Intergroup aggression in chimpanzees and war in nomadic hunter-gatherers: evaluating the chimpanzee model », *Hum. Nat.*, 2012, 23(1) : 5-29.

Remerciements

Mes livres se succèdent et ne se ressemblent pas aux éditions Odile Jacob. Tout a débuté avec *Au commencement était l'homme* et nous voici au seuil de la postmodernité. Je suis infiniment reconnaissant envers Odile Jacob pour l'idée de cet essai et pour son soutien dans mon projet d'une paléoanthropologie des temps modernes. La qualité éditoriale de ce livre est le fruit d'une collaboration stimulante et exigeante avec Marie-Lorraine Colas ; une belle coévolution. Merci aussi aux traits de génie d'Olivier Nadel pour les dessins dans lesquels tout un chacun devrait y reconnaître les siens.

Table

DEUXIÈME PARTIE

Machiavel chez les chimpanzés

communauté d'agglomération
Grand Paris Sud

Cet ouvrage a été composé
en Adobe Garamond Pro
par Nord Compo
à Villeneuve-d'Ascq (Nord).

Aubin
IMPRIMEUR

N° d'édition : 7381-3872-X – N° d'impression : 1704.0104
Dépôt légal : mai 2017

Imprimé en France